O SÉCULO DA ESCASSEZ

CB008401

OUTROS TÍTULOS DA COLEÇÃO AGENDA BRASILEIRA

Cidadania, um projeto em construção:
Minorias, justiça e direitos
André Botelho
Lilia Moritz Schwarcz
[organizadores]

As figuras do sagrado:
Entre o público e o privado na religiosidade brasileira
Maria Lucia Montes

Índios no Brasil: História, direitos e cidadania
Manuela Carneiro da Cunha

Mocambos e quilombos:
Uma história do campesinato negro no Brasil
Flávio dos Santos Gomes

Nem preto nem branco, muito pelo contrário:
Cor e raça na sociabilidade brasileira
Lilia Moritz Schwarcz

Se liga no som: As transformações do rap no Brasil
Ricardo Teperman

COLEÇÃO AGENDA BRASILEIRA

O SÉCULO DA ESCASSEZ

UMA NOVA CULTURA DE CUIDADO COM A ÁGUA: IMPASSES E DESAFIOS

Marussia Whately e Maura Campanili

claroenigma

Copyright © 2016 by Marussia Whately
e Maura Campanili

*Grafia atualizada segundo o Acordo
Ortográfico da Língua Portuguesa de 1990,
que entrou em vigor no Brasil em 2009.*

IMAGEM DE CAPA
Intervenção: Mundano
Foto: André D'Elia

COORDENAÇÃO EDITORIAL
Página Viva

PREPARAÇÃO
Carla Fortino

ÍNDICE REMISSIVO
Tácia Soares

REVISÃO
Pedro Ribeiro
Maria Prado

Dados Internacionais de Catalogação na Publicação (CIP)
(Câmara Brasileira do Livro, SP, Brasil)

Whately, Marussia
O século da escassez : uma nova cultura de cuidado com a água : impasses e desafios / Marussia Whately e Maura Campanili. – 1ª ed. – São Paulo : Claro Enigma, 2016. – (Coleção agenda brasileira)

Bibliografia.
ISBN 978-85-8166-128-5

1. Água 2. Água – Aspectos ambientais 3. Água – Conservação 4. Água – Uso 5. Ciclo hidrológico 6. Conscientização 7. Educação ambiental 8. Recursos hídricos I. Campanili, Maura. II. Título. III. Série.

16-04721 CDD-577.6

Índice para catálogo sistemático:
1. Água : Aspectos ambientais : Ecologia :
Ciências da vida 577.6

1ª reimpressão

[2022]
Todos os direitos desta edição reservados à
EDITORA CLARO ENIGMA LTDA.
Rua Bandeira Paulista, 702, cj. 71
04532-002 – São Paulo – SP
Telefone: (11) 3707-3531
www.companhiadasletras.com.br
www.blogdacompanhia.com.br

SUMÁRIO

O SÉCULO DA ESCASSEZ

UMA NOVA CULTURA DE CUIDADO COM A ÁGUA: IMPASSES E DESAFIOS

Dia após dia, o barco ali, dia após dia,
Sem sopro, ali, cravado;
Ocioso qual uma pintada embarcação
Num oceano pintado.

Água, água, quanta água em toda a parte,
E a madeira a encolher;
Água, água, quanta água em toda a parte,
Sem gota que beber.

Samuel Taylor Coleridge

Em seu célebre poema "A balada do velho marinheiro", Coleridge, poeta inglês do século XVIII, transmite com a força das palavras o desespero de quem sofre intensa sede em meio à imensidão de água imprópria para beber. Transposto para os dias atuais, esse é um drama que acomete cada vez mais comunidades humanas, principalmente nas grandes aglomerações urbanas e industriais, privadas de consumir a água por elas próprias degradada e contaminada.

Escrever sobre a água de forma não tecnicista sem cair na excessiva simplificação não é tarefa simples, porque ao mesmo tempo que a água está tão presente em nossa realidade e faz parte do dia a dia de qualquer pessoa, em geral sua complexidade e sua fragilidade são aspectos desconhecidos. Nem todos se dão conta de que ela é muito mais do que um insumo indispensável à produção e um recurso estratégico para o desenvolvimento econômico. A água é elemento essencial para a manutenção dos ciclos biológicos, geológicos e químicos que preservam o equilíbrio dos ecossistemas e permitem a vida de todas as espécies do planeta. É, ainda, uma referência cultural e um bem social indispensável à sobrevivência e à adequada qualidade de vida da população humana.

Símbolo da pureza e da fertilidade em muitas culturas, meio de purificação e regeneração, a água tem presença marcante nos registros realizados ao longo da história da humanidade e está inserida no imaginário dos povos como um elemento de profundas reflexões.

O fato de a maior parte da superfície da Terra ser coberta por água, entretanto, parece ter obscurecido a percepção de que apenas uma parcela muito pequena do total, cerca de 2,5%, compõe-se de água doce e, desta, menos de 1% está acessível para o consumo humano em rios, lagos e no subsolo. É bem recente — e ainda ignorada da maioria das pessoas — a constatação de que a água doce disponível constitui um recurso bastante limitado.

A questão é que falar e escrever sobre a água parece ter entrado na moda. Graves falhas de abastecimento em várias partes do mundo nos últimos tempos trouxeram à tona a tese da "crise da água" como um dos maiores problemas que a humanidade enfrentará no futuro próximo, em especial diante do acirramento do fenômeno das mudanças climáticas. Especula-se, inclusive, que a escassez desse recurso vital poderá ser motivo de guerras entre nações. É preciso, no entanto, esclarecer que, exceto nas regiões do planeta em que há uma severa limitação natural, na maioria dos casos o problema não é a quantidade, mas sim a qualidade da água, cada vez pior devido ao mau uso e à gestão inadequada.

Nesse contexto de discussões apaixonadas sobre as perspectivas da humanidade frente à potencial "crise da água", em que a percepção da limitação desse recurso se tornou universal, o Brasil possui uma situação relativamente privilegiada. O país é o único de dimensão continental localizado em região tropical, com grande descarga de água doce, o que resulta numa rede hidrográfica perene das mais extensas e volumosas do planeta, embora irregularmente distribuída pelo território. Por outro lado, o mau uso desse recurso, decorrente de enorme desperdício, contaminação por agrotóxicos, destruição de vastas áreas de mananciais nas regiões metropolitanas e poluição por efluentes industriais e esgotos domiciliares, já leva certas regiões brasileiras a enfrentar problemas de escassez.

Por conseguinte, a questão central não é a disponibilidade ou a falta de água, mas sim as formas de utilização desse recurso, que estão levando a uma acelerada perda de qualidade. Como afirmou o pesquisador Aldo Rebouças, um dos maiores especialistas que o país já teve sobre o assunto, "o que mais falta no Brasil não é água, mas determinado padrão cultural que agregue ética e melhore a eficiência de desempenho político dos governos, da sociedade organizada *lato sensu*, das ações públicas e privadas, promotoras do desenvolvimento econômico em geral e da sua água doce, em particular".

A Região Metropolitana de São Paulo é um caso exemplar de má gestão dos recursos hídricos. Os rios que cortam a cidade, como o Tietê e o Pinheiros, estão completamente contaminados, e a enorme rede formada por seus afluentes está degradada e canalizada sob ruas e avenidas. O mesmo ocorre com a maior represa da cidade, a Billings, transformada quase por completo em depósito de esgoto e efluentes industriais. Para agravar o problema, o sistema Cantareira e as vastas áreas de mananciais que envolvem praticamente toda a metrópole e abrigam a Guarapiranga estão sendo drasticamente degradados pela ocupação desordenada, o que reduz a capacidade natural de produção de água e contamina a que chega aos reservatórios, exigindo enormes investimentos para torná-la apropriada ao consumo. Finalmente, da água que é tratada, cerca de um terço se perde nas redes de distribuição.

Problemas como os de São Paulo têm levado a maioria das grandes metrópoles do mundo, especialmente nos países mais pobres, a se transformar em enormes sorvedouros de água trazida de outras regiões por meio de barragens, reversões de rios, adutoras e canais. São obras gigantescas, cujo processo de implantação acarreta custos altíssimos e grande impacto ambiental e social, para que no fim a água seja mal utilizada e desperdiçada. Enquanto isso, os mananciais continuam sendo invadidos e contaminados com esgoto, lixo e produtos químicos, e o abastecimento permanece precário.

Os dados sobre o agravamento da situação do abastecimento público de água de boa qualidade em vários países são cada vez mais abundantes e contundentes, mas a humanidade parece seguir indiferente a esses alertas. Há uma explicação cultural para tal postura. A água foi transformada em um bem econômico, um recurso natural qualquer, um produto a ser disponibilizado às pessoas por empresas distribuidoras, mediante pagamento. Essas empresas, públicas ou privadas, captam, tratam e levam a água aos usuários, que pagam por litro consumido. Para as empresas, quanto maior o consumo, maior o faturamento; já os usuários só precisam abrir a torneira e depois quitar a conta. Trata-se de uma relação muito simples e alienante para ambos os lados, que, no entanto, vai totalmente contra a realidade de que a água não é um recurso infinito, e sim um bem comum limitado e essencial à vida, cuja gestão deveria implicar responsabilidades e obrigações compartilhadas. Considerar a água uma mercadoria leva a profundas incompatibilidades éticas, pois contraria o princípio fundamental de que deveríamos ser, com relação a ela, cidadãos, e não simples consumidores que, passivamente, terceirizam as decisões sobre sua conservação e utilização.

Os erros não param por aí. Ao serem privilegiados o abastecimento humano, a irrigação e a produção de energia, perdem peso nos processos decisórios sobre como e quando utilizar a água os fatores ambientais, o que leva ao detrimento de outras espécies e ecossistemas que também deveriam ser tratados como usuários legítimos da água, recebendo-a em quantidades adequadas para manterem sua saúde. Como consequência, os mananciais e reservatórios são explorados muito além do limite de reposição natural, e os cursos d'água se veem transformados em meros meios de produção de energia a qualquer custo, perdendo o equilíbrio natural essencial para a própria manutenção.

A única solução para o problema parece ser uma mudança na percepção da sociedade, que leve a ajustes profundos na gestão da água, de modo que o setor público desempenhe papel importante, mas não centralizador, como atualmente. É necessário os cidadãos deixarem a posição de meros consumidores para assumir o protagonismo inerente à sua função social, pois a administração do recurso água é fundamentalmente uma questão de justiça ambiental baseada em três conceitos essenciais: equidade, justiça e acesso para as futuras gerações. Ou seja, a água exige uma administração democrática, participativa, com distribuição de responsabilidades e um arranjo institucional complexo.

É exatamente por contribuir para o entendimento de que a gestão desse recurso vital deve considerar toda a sua complexidade que este livro assume grande relevância na literatura disponível sobre o tema.

Nada parece escapar ao olhar atento das autoras desta obra. Com um enfoque multidisciplinar, são tratadas de forma direta e numa linguagem acessível as principais questões técnicas e conceituais para a compreensão da problemática da gestão da água.

Marussia Whately, arquiteta que se especializou em gestão de recursos hídricos a partir de estudos realizados por muitos anos nos mananciais de São Paulo, e Maura Campanili, jornalista dedicada ao tema ambiental há décadas, formaram uma feliz e inspiradora parceria. Sem a pretensão de esgotar um assunto tão complexo, lograram organizar uma publicação que trata, de forma dinâmica e agradável, dos aspectos mais importantes para quem busca uma visão abrangente sobre a água e seu papel na sociedade humana. Trata-se, ao mesmo tempo, de um roteiro bem planejado para se aprofundar nas diferentes questões e em como elas se relacionam, a partir de uma bibliografia bastante completa e organizada.

O livro tem como maior mérito, porém, deixar claro para o leitor que o desafio não se restringe ao aprimoramento da gestão do suprimento, a qual trata das ações relativas à quantidade e à qualidade da água desde sua captação até o momento em que ela chega ao usuário final. Nessa etapa estão práticas absolutamente essenciais — como a conservação ambiental das bacias hidrográficas e a redução da perda na captação, no tratamento e na distribuição —, mas insuficientes para superar situações de crise no abastecimento. Há que se introduzir com urgência no Brasil seriedade na gestão da demanda, ou seja, implementar ações que levem ao uso eficiente e à radical redução do desperdício da água. Essas são condições fundamentais para se construir um desenvolvimento em bases sustentáveis para as presentes e as futuras gerações.

Para realizar essas ações, que não são de responsabilidade exclusiva do Poder Público, este livro é uma fonte na qual devem beber todos os interessados na construção de um novo modelo de gestão dos recursos hídricos do país, que tenha como objetivo superar o modelo tecnocrata e utilitarista que impera até hoje. O sistema vigente ignora que a água de boa qualidade é um recurso finito e prioriza certos usos, de forma perdulária, prejudicando o equilíbrio dos ecossistemas e a manutenção da diversidade biológica. Ou seja, como defendem as autoras, é necessário estabelecer o fundamental para mudarmos as coisas: "uma nova cultura de cuidado com a água".

João Paulo Capobianco
Biólogo, ambientalista e consultor, foi secretário nacional de Biodiversidade e Florestas e secretário executivo do Ministério do Meio Ambiente (2003 a 2008). Atualmente preside o Instituto Democracia e Sustentabilidade

A água é o suporte fundamental para a vida. Da mitologia ao dia a dia, está em todas as dimensões de nossa existência. Nos últimos dois séculos, porém, transformamos radicalmente nossa relação com a água. Fomos capazes de transpor a gravidade para utilizá-la, retirá-la de aquíferos profundos, armazenar dela grandes quantidades, dominar rios, irrigar locais áridos para produzir alimentos e poluí-la com uma variedade incrível de substâncias. Também nos desacostumamos a pensar de onde vem ou para onde vai a água que consumimos. Para muitos, basta abrir a torneira e ela simplesmente está lá.

Vários autores, no entanto, mostram que o sucesso das civilizações está diretamente relacionado com o uso que fizeram da água. Cada era traz o seu *water challenge* (desafio da água). E o nosso é gigantesco: como garantir água para uma população cada vez maior, que consome cada vez mais, em um mundo onde o clima está sofrendo mudanças que se darão, em grande parte, por meio de abundância ou escassez de água?

Para dar conta desse desafio, *uma nova cultura de cuidado com a água* se faz urgente. No início dos anos 2000, o documento da Organização das Nações Unidas (ONU) *Water for People, Water for Life* [Água para as pessoas, água para a vida][1] apontava que a crise da água era uma crise de governança, afirmação verdadeira ainda hoje. O tema é abrangente e complexo. E zelar pela água inclui cuidar de suas fontes (tanto nas áreas rurais quanto urbanas); usá-la bem para que todos possam usufruí-la; tratá-la e reutilizá-la sempre que possível; assegurar preço justo e igualdade em seu acesso; e garantir transparência, participação e controle social.

Por tudo isso, escrever sobre a água é uma grande empreitada. Este livro começa sua trajetória com o resgate de como a água molda e é moldada pelo nosso planeta, abordando sua íntima (e fundamental) relação com a vida como nós a conhecemos. Procura traçar um panorama sobre onde ela está e como vem sendo usada pelo homem, no mundo e no Brasil. Apresenta também os riscos e as consequências desses usos, em especial para as populações que vivem nas cidades. A última parte da obra traz uma reflexão sobre a construção de um futuro sustentável e seguro para a água, no qual o homem desempenha papel indispensável.

PRIMEIRA PARTE –
A ÁGUA, A TERRA E O HOMEM

1. SUPORTE FUNDAMENTAL DA VIDA

Sem água não existe vida. Já ouvimos essa frase centenas ou milhares de vezes, mas o que, exatamente, ela quer dizer? Como isso acontece? A água não é um "recurso natural" semelhante ao carvão, ao petróleo, ao ferro e a outras tantas substâncias importantes para nosso estilo de vida, das quais, em último caso, poderíamos prescindir. Pelo contrário — sem água, não existimos e não existe vida como conhecemos.

Como explica Amâncio C. S. França, professor associado do Instituto de Astronomia, Geofísica e Ciências Atmosféricas da Universidade de São Paulo (USP),[1] a vida na Terra é formada por hidrogênio (H), oxigênio (O), carbono (C) e nitrogênio (N) — respectivamente primeiro, terceiro, quarto e quinto elementos mais abundantes do universo; o segundo é o quimicamente inerte hélio (He). Esses são também os primeiros elementos que surgiram após o Big Bang.

Foi essa variedade cósmica que favoreceu a existência da água: H_2O é a combinação dos dois mais abundantes elementos quimicamente ativos do universo. É, ainda, a molécula triatômica mais comum do cosmo, encontrada em três estados físicos: gasoso, sólido e líquido. Mas o que a torna tão especial? Se há tanta água no universo, por que a consideramos um recurso finito?

Embora encontremos água em toda parte, sua forma líquida é muito menos comum, pois ocorre em uma faixa estreita de temperatura. Água líquida e zona habitável são intimamente conectadas e interdependentes: sem a primeira, não existe vida. França usa o exemplo da história infantil *Cachinhos Dourados* para ilustrar a questão: quando a menina chega à casa da Família Urso, encontra três tigelas de mingau, uma muito quente, uma muito fria e outra no ponto. Assim é a zona de habitabilidade: nem quente a ponto de a água ferver, nem fria o suficiente para que ela congele.[2]

Se a Terra estivesse um pouco mais próxima ou um pouco mais distante do Sol, não ofereceria as condições para a água se manter em estado líquido, e a existência de seres vivos seria muito menos provável. A presença de água líquida e simultaneamente nos estados sólido e gasoso na Terra foi e continua sendo condição para a vida como a conhecemos.

A água também possui características singulares, entre elas a de ser solvente universal do planeta, que transforma e transporta outras substâncias por meio de diferentes reações químicas. Além disso, a divisão celular acontece em um ambiente aquoso, e a água é o principal componente dos seres vivos. As algas marinhas chegam a ter 95% de seu organismo composto por água. Nos seres humanos, ela corresponde a algo entre 60% e 70% do peso do corpo.

Água no universo

Já sabemos que há muita água no universo e que em seu estado líquido ela é bem menos comum. Mas como ela se forma?

Grande parte da água existente no universo é um subproduto da formação de estrelas. O nascimento de estrelas é acompanhado por um forte vento de gás e poeira que se choca com o gás existente no entorno, o qual, por sua vez, é comprimido e aquecido, criando as condições para a formação da água. Os planetas surgem nessa etapa da evolução cósmica, fornecendo os ambientes propícios para a água líquida.

O estado da água em um planeta depende diretamente da pressão atmosférica, e esta, por sua vez, é determinada pela gravidade. Abaixo de uma pressão crítica, há transição de fase direta do sólido para o gasoso, e vice-versa. Por uma "coincidência cósmica", a água é formada quando as temperaturas são suficientemente baixas para que exista no estado líquido.

No nosso Sistema Solar, Vênus sempre foi quente demais, enquanto Marte, muito tempo atrás, já ofereceu condições ideais. Daí as evidências de água líquida no passado desse planeta. A Terra, em geral, sempre esteve no ponto, exceto em duas ocasiões de quase total glaciação. Europa, uma das quatro grandes luas de Júpiter, tem um vasto oceano subterrâneo debaixo de sua crosta de gelo.[3]

Distopia cinematográfica

É possível perceber que, apesar de sua abundância no cosmo, encontrar água em condições de manter vida não é tão simples assim. Não à toa grande parte dos ambientes distópicos de livros e filmes são áridos. Que o digam Matthew McConaughey e Anne Hathaway, os viajantes do filme *Interestelar*,[4] que tiveram que fazer viagens espaciais mirabolantes para achar um novo planeta a fim de salvar uma ínfima parte da humanidade à beira da extinção por conta de uma Terra infestada por pragas e seca. Em *O homem que caiu na Terra*,[5] de 1976, por sua vez, David Bowie é um alienígena que vem em busca do precioso recurso para seu planeta moribundo.

Em *Crepúsculo de aço* (1987),[6] em uma Terra pós-apocalíptica mais uma vez totalmente árida, Patrick Swayze é um guerreiro que vagueia pelo deserto e encontra um grupo de colonos ameaçados por uma gangue assassina em busca da água que eles controlam. Mas a falta de água potável, pelo menos na ficção, não precisa de aridez. Em *Waterworld: O segredo das águas*,[7] Kevin Costner vive em um lugar onde só há oceano, a terra desapareceu. Para beber água, faz xixi em um pequeno destilador que o filtra para ser novamente consumido.

Origem da água na Terra

Há 3,7 bilhões de anos, quando a Terra era ainda um bebê, uma infinidade de cometas — formados em sua maior parte de gelo — caía sobre o planeta.[8] Muitos cientistas acreditam que podem ter trazido tanto os aminoácidos (vitais para o surgimento dos primeiros organismos vivos unicelulares) quanto boa parte da água que formou nossos lagos, rios e oceanos. Ao se aproximarem da Terra ainda escaldante, esses milhões de cometas gelados derreteram, transformando-se em vapor quente e flamejante. Como afirmou Christopher Lloyd no livro *O que aconteceu na Terra? A história do planeta, da vida & das civilizações, do Big Bang até hoje*, "o vapor se condensou em água, e depois, possivelmente, ocorreu algo que hoje consideramos normal: choveu".[9]

Quando o fluxo de cometas começou a diminuir, a superfície do planeta esfriou o suficiente para que a lava derretida se convertesse em matéria sólida e a chuva que caía do céu formasse os primeiros oceanos. Para aliviar a pressão causada por lavas derretidas e gases presos sob a crosta recém-criada, surgiram os vulcões, que expeliam nitrogênio, metano, oxigênio e amônia, os quais compuseram a atmosfera primitiva do planeta. O oxigênio, então, combinou-se com o hidrogênio, sempre abundante, para formar mais água, fazendo com que as inundações iniciadas pelos cometas aumentassem, até a água cobrir cerca de 70% da superfície terrestre. Para muitos especialistas, o salto mágico dos aminoácidos para formar seres vivos (com capacidade de se reproduzir) aconteceu nas profundezas daqueles oceanos.

O ciclo da água

A partir daí, desenvolveu-se um sofisticado mecanismo de suporte à vida, sem o qual as bactérias microscópicas de 2 bilhões de anos atrás nunca teriam evoluído para plantas, animais e pessoas. A primeira parte desse mecanismo é o ciclo da água. À medida que o Sol incide sobre a superfície do planeta, os mares se aquecem, e parte da água evapora. Uma vez no ar, o vapor esfria, formando nuvens, que são deslocadas pelo vento ao redor do planeta, até cair em outra parte como chuva. Sem esse suprimento automático de água doce, a maioria dos seres vivos em terra e no mar morreria.

Embora pareça um processo simples, ele só é possível graças a uma importante parceria entre a Terra e seus primeiros seres vivos, algo que se iniciou entre 3,7 bilhões e 2 bilhões de anos atrás. Para que as chuvas caiam, as nuvens precisam se formar. Moléculas de vapor só conseguem se condensar em água se existir algum tipo de superfície em torno da qual possam se reunir. Gases residuais produzidos pelas primeiras bactérias forneceram superfícies perfeitas ao redor das quais o vapor podia se converter novamente em água e formar chuva. Desse modo, as bactérias, ao espalhar as nuvens, ajudam a natureza a pôr em funcionamento um de seus sistemas mais importantes para a vida. As nuvens também criam uma camada de reflexão que envia de volta ao espaço muitos dos causticantes raios de sol, ajudando a resfriar o planeta e propiciando condições para a vida na Terra.

Depois que começou, o movimento de transformação e renovação da água em seus diferentes estágios — sólido, líquido e gasoso — não parou mais: a quantidade total de água existente na Terra é de 1 386 milhões de km^3 e tem se mantido razoavelmente constante durante os últimos 500 milhões de anos.[10] Esse é o ciclo da água que vivenciamos hoje e do qual dependeremos sempre.

2. ÁGUA E CIVILIZAÇÃO

Em *Um estudo da história*,[1] o historiador inglês Arnold Toynbee mostrou o quanto a trajetória das civilizações foi centralmente influenciada por processos dinâmicos de respostas aos desafios ambientais, e, entre eles, a água tem enorme destaque. Há milênios, respostas inadequadas ao desafio — consumo excessivo, degradação — colaboraram para a estagnação, a subordinação e o colapso de civilizações, e são um risco até hoje.

A última era do gelo durou 90 mil anos e alcançou seu pico há aproximadamente 18 mil anos, com gelo cobrindo um terço da superfície do planeta (hoje cobre um décimo). Com tanta água congelada, o nível dos oceanos estava cem metros mais baixo.[2] Cerca de 10 mil anos atrás, o planeta entrou em um período anômalo de temperaturas amenas.

Conforme os glaciares da era do gelo recuaram para o norte devido ao aquecimento global e à umidade do início da era atual, a água líquida enriqueceu os solos, preencheu aquíferos subterrâneos e criou os contornos da geografia atual de lagos, rios e demais corpos d'água. Enquanto isso, musgos e gramíneas da tundra acompanharam o movimento e passaram a ser gradualmente substituídos por espessas florestas temperadas.

Os grandes rebanhos de mamíferos seguiram para o norte em busca dos pastos de musgos e gramíneas. Alguns grupos de homens primitivos desistiram de seguir os rebanhos e começaram a caçar pequenos animais, pescar e colher os cereais selvagens e outras plantas comestíveis que floresceram em paisagens abertas. Gradualmente, sementes domesticadas de cevada, trigo e gramíneas selvagens começaram a emergir na área que ficou conhecida como Crescente Fértil.

O Crescente Fértil é uma região localizada entre o Oriente Médio (vales dos rios Tigre e Eufrates) e o nordeste da África (vale do rio Nilo), frequentemente chamada de "berço da civilização". Ganhou essa alcunha porque, visto no mapa, tem formato de lua na fase quarto crescente; já o termo "fértil" se deve à fertilidade do solo nos vales dos rios citados. Abrange as áreas da Mesopotâmia e do Levante (os territórios ou partes dos territórios da Palestina, Israel, Jordânia, Líbano, Síria e Chipre), delimitado ao sul pelo deserto da Síria e ao norte pelo planalto da Anatólia.

As mudanças nas condições climáticas e hidrológicas oferecem as mais aceitas explicações sobre o mistério de por que os caçadores-coletores de repente mudaram seu estilo para a vida agrícola. Como caçador-coletor, o homem primitivo utilizava a água à medida que a encontrava. Como agricultor, o manejo da água passa a ser essencial para a sobrevivência e o crescimento dos cultivos.

Seja por mudanças climáticas, seja por exploração excessiva dos recursos hídricos, os exemplos de aparecimento e declínio de civilizações devido à presença e ao uso da água são muitos e contundentes. Christopher Lloyd, em *O que aconteceu na Terra?*, no qual narra uma grande saga para responder à pergunta-título do livro, mostra como ao longo do tempo isso aconteceu com vários povos, a exemplo dos sumérios, que viveram na Mesopotâmia há mais de 4 mil anos:

> Como todas as civilizações humanas, mesmo os engenhosos sumérios não poderiam sobreviver para sempre. No final, não foi a guerra nem a invasão que levou ao seu declínio e queda. Algo muito mais dramático e irreversível deteve esse povo inventivo. Eles descobriram que viver num local fixo, em vez de mudar de um lugar para outro à maneira dos caçadores-coletores, tinha seu preço. Após muitas gerações de cultivo intensivo, a terra perdeu a fertilidade, devido à crescente contração de sal no solo, provocada pela irrigação artificial. No princípio, as pessoas substituíram as culturas de trigo pela de cevada, que tolerava mais altos níveis de sal. Mas não passou muito tempo para aquela cultura também fenecer com a deterioração do solo.

Em torno de 2000 a.C., a terra ao redor das embocaduras do Eufrates e do Tigre já não podia ser cultivada, e cidades como Ur e Uruk entraram em declínio permanente.

A busca por água constitui também um constante motivo de conflitos, alguns que persistem há milênios, como no Oriente Médio. Conforme Lloyd, entre cerca de 900 a.C. e 300 a.C., essa parte do mundo viveu um aumento de contendas entre nômades, colonos e impérios emergentes, que, em sua luta pela supremacia, adotaram religiões rivais.

> Esses antigos conflitos parecem ter sido desencadeados pelas peculiaridades de um dos fenômenos mais essenciais e naturais de toda a criação: o ciclo da água. Através das estepes de gramíneas que se estendiam a partir do Leste Europeu, passando pelo mar Negro até o nordeste da China, o clima no mundo foi ficando cada vez mais seco e quente.

Aquecimento medieval

O exemplo mais contundente, porém, e que vem sendo estudado e citado por vários autores, é o nomeado pelo meteorologista britânico Hubert Lamb como o "Período do Aquecimento Medieval", que ocorreu em um espaço de cinco séculos entre os anos de 800 d.C. e 1200 d.C. Segundo Brian Fagan, no livro *O aquecimento global: A influência do clima no apogeu e declínio das civilizações*, Lamb conseguiu montar um quebra-cabeça com peças históricas e climáticas e mostrar que aquele período de clima relativamente amistoso na Europa propiciou boas colheitas para a região e "permitiu que os escandinavos chegassem à Groenlândia e à América do Norte". Depois dele, porém, vieram seis séculos de clima altamente inconstante e condições mais frias (a "Pequena Idade do Gelo"), que colaboraram para mergulhar a Europa em uma fase de retrocesso e fome.

Tanto Fagan quanto Lloyd, contudo, fazem uma viagem aos acontecimentos no restante do mundo durante aquela época de bonança europeia. Segundo Fagan,

> [...] no Pacífico oriental, nos mesmos séculos, houve frio e seca. Foram tempos de mudanças climáticas súbitas, imprevisíveis e, acima de tudo, áridas. Períodos de seca prolongada ajudaram a destruir Chaco Canyon e Angkor Wat; contribuíram para o colapso parcial da civilização maia; e arruinaram dezenas de milhares de lavradores chineses.

Mudanças climáticas e água

Problemas como esse podem se repetir. As evidências de que o clima global está mudando são incontestáveis, e há fortes indícios de que dessa vez não sejam um fenômeno natural, mas estejam relacionadas com a ação humana sobre a natureza, por meio da exploração de forma não sustentável dos recursos naturais, bem como por resíduos gerados pelas atividades econômicas.[3]

Muitos impactos resultantes das mudanças climáticas em curso se darão por meio de alterações do regime de chuvas, que podem provocar, de um lado, severos e longos períodos de seca e, de outro, grandes inundações. Esses fatores afetarão a produção de alimentos e de bens, assim como o abastecimento humano, e intensificarão a situação de vulnerabilidade daqueles que hoje já possuem acesso restrito a água e alimento.

O aquecimento global talvez afete, ainda, as geleiras, que também funcionam como reservatórios. Elas acumulam água durante o período chuvoso e, na época mais quente, derretem e alimentam os rios. Com menos frio, acumulam menos água. No curto prazo, seu encolhimento representa para o fluxo o acréscimo de um volume além e acima da precipitação anual, aumentando o suprimento de água. No longo prazo, porém, prevê-se que as geleiras desapareçam como uma fonte adicional, ainda que isso ocorra bem lentamente.

De todos os impactos que o aquecimento global pode trazer às atuais civilizações, Fagan lembra que

> [...] o derretimento das calotas glaciais e o perigo cada vez maior de inundações não são questões triviais. Porém, a experiência do Período de Aquecimento Medieval nos diz que o assassino silencioso e sempre ignorado é a seca, mesmo durante um período de aquecimento mediano. [...] A experiência do Período de Aquecimento Medieval mostra como a seca pode desestabilizar uma sociedade e levá-la ao colapso.

Lloyd, em sua saga da história da humanidade, detalha como a seca daquele período fez despencar material e moralmente as incríveis civilizações pré-colombianas nas Américas:

> Durante o domínio asteca (cerca de 1248-1521), sacrifícios infantis eram especialmente comuns em épocas de seca. Sem sacrifícios a Tlaloc, o deus asteca da água, as chuvas não cairiam e as plantações não cresceriam. Tlaloc exigia que as lágrimas dos jovens molhassem a terra para atrair chuva. Como resultado, conta-se que os sacerdotes faziam as crianças chorar antes do sacrifício ritual, às vezes arrancando suas unhas. O desespero maia por chuva é o motivo fundamental do declínio de sua civilização, em torno de 900. Secas cada vez mais rigorosas, exacerbadas pelos efeitos do desmatamento, erosão do solo e agricultura intensiva, levaram a inanição, invasões e lutas violentas com povos vizinhos em torno dos escassos recursos naturais.

Voltando aos nossos tempos, Jeffrey Sachs, assessor especial do secretário-geral das Nações Unidas no tema dos Objetivos de Desenvolvimento do Milênio, alertou que muitos líderes políticos estão ignorando uma crescente crise ambiental, pondo em perigo os próprios países e outras nações.

Segundo ele, alterações climáticas induzidas pelo homem e o uso excessivo de água doce para as necessidades de irrigação e urbanas (especialmente quando as cidades estão construídas em regiões secas) estão alimentando o potencial para catástrofe, como as megassecas e a escassez de água doce em locais que vão do Brasil à Califórnia e a países palcos de conflitos no Oriente Médio. Disse Sachs:

> A Região Metropolitana de São Paulo, com 20 milhões de pessoas, está agora na iminência de um racionamento de água, ameaça sem precedentes a uma das principais cidades do mundo. Na Califórnia, este inverno tem sido mais uma estação seca num período de quatro anos, uma das mais graves da história da região. No Paquistão, o ministro de Água e Energia declarou recentemente que "sob a situação atual, daqui a seis ou sete anos o Paquistão poderá ser um país carente de água". No Irã, as zonas de mangue Hamoun na fronteira com o Afeganistão estão desaparecendo, o que representa uma grave ameaça para a população local. Retrospectivamente, fica também claro que uma década de seca na vizinha Síria contribuiu para desencadear a instabilidade que se transformou numa guerra civil catastrófica, com pelo menos 200 mil sírios mortos e sem fim à vista para a violência. A seca tinha deslocado em torno de 1,5 milhão de pessoas e provocou uma alta nos preços dos alimentos, que resultou numa espiral de protestos, repressão e, finalmente, guerra. Embora a seca não explique toda a violência que se seguiu, ela certamente desempenhou um papel.[4]

Essa interdependência entre mudanças climáticas globais e disponibilidade de água foi reconhecida no terceiro *Relatório mundial das Nações Unidas sobre desenvolvimento dos recursos hídricos*,[5] publicado durante o Fórum Mundial da Água de 2009 e que traz um importante alerta: as mudanças climáticas tendem a agravar a situação em regiões do planeta que já se encontram no limite de uso dos recursos hídricos e de vulnerabilidade social.

A água é o único recurso vital que se renova na Terra por meio de um ciclo — vapor precipita em água doce e limpa em um processo contínuo que torna os solos úmidos, mantém o fluxo dos rios, restaura ecossistemas e faz possível a vida humana civilizada. Esse é um ciclo constante de renovação diretamente relacionado com as condições climáticas do planeta.

Mas nem toda água é adequada ao uso, e parte considerável daquela que poderia ser utilizada não está acessível para tal. A maior parte da água existente, entre 96,5% e 97%, é salgada. A água doce — de que necessitamos para viver e para fazer quase tudo — representa uma parcela bem menor, entre 2,5% e 3%, dos quais 70% estão nas geleiras e calotas polares, e outros quase 29% encontram-se nos aquíferos subterrâneos, restando pouco mais de 1,2% nas reservas superficiais (rios, lagos e outros reservatórios). Para se ter uma ideia do que isso significa, pense que toda a água da Terra corresponde a uma piscina olímpica. A quantidade de água doce seria equivalente a um quinto de uma raia olímpica. A água doce superficial, por sua vez, equivaleria a uma garrafa de refrigerante de um litro não totalmente cheia.[1]

Pela facilidade de acesso, os mananciais superficiais são os mais utilizados para atender às necessidades sociais e econômicas da humanidade e revelam-se absolutamente vitais aos ecossistemas. Representam também a porção de água doce que sofre maior pressão para os diferentes usos que o homem faz da água.

- Bacia hidrográfica (ou bacia de drenagem): Conjunto de terras drenadas por um rio principal e seus afluentes. No Brasil, assim como em várias partes do mundo, a bacia hidrográfica é considerada uma unidade de gestão dos recursos hídricos e, portanto, define um espaço geográfico de atuação que ajuda a promover o planejamento regional, controlar o aproveitamento dos usos da água, proteger e conservar as fontes de captação e discutir com diferentes pessoas, instituições e setores as soluções para os conflitos relacionados aos usos da água. A bacia hidrográfica é um espaço físico-geográfico e muitas vezes ultrapassa espaços político-administrativos, como municípios, estados e países. Uma bacia hidrográfica pode ter diferentes tamanhos, que variam desde a Bacia Amazônica (a maior do mundo em extensão e volume) até aquelas com poucos metros quadrados.
- Fluxo da água: A água corre sempre de um ponto mais alto para o mais baixo, excetuando-se apenas pequenos volumes retirados por bombeamento pós-Revolução Industrial. Até hoje, a gravidade tem papel central no manejo da água em todo lugar, mesmo nos aquedutos de longa distância, como os que alimentam as cidades de Los Angeles e Phoenix, nos Estados Unidos. Romanos, gregos, chineses e os maias, do Peru, eram mestres no transporte de água utilizando a gravidade.
- Rios: São cursos d'água naturais que deságuam em outro rio, no mar ou em um lago. São alimentados pelas águas de outros rios e corpos d'água de sua bacia hidrográfica, pela precipitação (chuva, neblina e neve) e pelo lençol freático. Os rios desempenham o importante papel de carregar sedimentos e matéria orgânica em suas águas, transportando essas substâncias através dos diversos ambientes e realizando parte das trocas e fluxos necessários para o equilíbrio dos ecossistemas. Historicamente, os rios, assim como outros acidentes naturais, estão associados à definição das fronteiras nacionais e

locais. Estão também ligados aos fluxos dos povos e às trocas entre eles, ao transporte, ao surgimento das vilas e das cidades e a inúmeros aspectos culturais e religiosos, já que a água tem uma importância simbólica em todas as civilizações.

- Nascentes: São, literalmente, os locais onde a água subterrânea aflora e nascem os rios e cursos d'água. Em uma bacia hidrográfica, cada curso d'água surge de uma nascente ou conjunto de nascentes e vai sendo alimentado em seu percurso por seus afluentes, pela água da chuva e pelo lençol freático (ver "Água subterrânea", p. 31).
- Afluentes: São os rios que deságuam nos rios principais. Assim, um rio pode ser, ao mesmo tempo, principal e afluente. O Pinheiros, por exemplo, é afluente do Tietê, que, por sua vez, deságua no rio Paraná, sendo, portanto, seu afluente.
- Lagos naturais: Têm geralmente origem glaciar, tectônica ou vulcânica. A maioria dos lagos existentes no mundo é de origem glaciar (90%), ou seja, está localizada em vales formados por geleiras e surgiu a partir do derretimento do gelo. Os demais lagos estão associados ao isolamento de águas provocado por atividades tectônicas (terremotos, por exemplo) ou ocupam crateras criadas por vulcões.
- Reservatórios artificiais: Estocar água é uma prática muito antiga que dá origem a represas, reservatórios e açudes, os quais servem para regularizar os fluxos de águas superficiais, garantindo uma reserva nos períodos de falta de chuva e promovendo o equilíbrio entre a oferta e a demanda por água. Também são construídos para viabilizar a geração de energia elétrica e como infraestrutura para turismo, recreação, navegaçao e controle de cheias.
- Mananciais de água: São as fontes superficiais ou subterrâneas de água utilizadas para abastecimento humano e manutenção de suas atividades econômicas. Englobam os aquíferos e as bacias hidrográficas de represas e rios usados para abastecimento. No estado de São Paulo, por exemplo, as áreas de mananciais são protegidas por lei desde a década de 1970.

TABELA 1
Distribuição da água na Terra

	Quantidade (1000 km³)	% na hidrosfera	% de água doce	Renovação anual (km³)
ÁGUA SALGADA				
OCEANOS	1 338 000	96,5		505 000
SUBSOLO	23 400	1,7		
LAGOS DE ÁGUA SALGADA	85,4	0,006		
ÁGUA DOCE				
ÁGUA DOCE NO SUBSOLO	10 530	0,76	30,1	16 700
UMIDADE DO SOLO	16,5	0,0001	0,05	16 500
GLACIARES E CUMES GELADOS	24 064	1,74	68,7	2 532
LAGOS DE ÁGUA DOCE	91,0	0,007	0,26	10 376
PÂNTANOS	11,5	0,0008	0,03	2 294
RIOS	2,12	0,0002	0,006	43 000
BIOMASSA	1,12	0,0001	0,003	
VAPOR D'ÁGUA	12,9	0,001	0,04	600 000
TOTAL DE ÁGUA DOCE	35 029,2	2,53	100	
TOTAL DE ÁGUA NO PLANETA	1 386 000	100		

Fonte: Unesco e WWAP (2003: 68). In: RIBEIRO, Wagner Costa. *Geografia política da água*. São Paulo: Editora Annablume, 2008. Como os valores passam por diversos arredondamentos, os totais indicados não equivalem à soma das partes.

Água subterrânea

As águas subterrâneas são parte essencial do ciclo hidrológico, porque garantem a manutenção da umidade do solo e alimentam o fluxo dos rios, lagos e demais corpos d'água que estão na superfície. A quantidade de água armazenada nos subsolos passível de utilização é cerca de 25 vezes maior do que a de água superficial, constituindo, portanto, uma importante reserva de água doce (ver "Tabela 1", p. 30).

A água subterrânea fica no subsolo da superfície terrestre, armazenada nos poros — espaços vazios entre os grãos que formam os solos e as rochas sedimentares — e em outras aberturas existentes nas rochas. Sua distribuição ocorre de duas maneiras: na camada não saturada, que é a mais próxima da superfície, onde a água chega por infiltração e capilaridade; e na zona saturada, porções mais profundas às quais a água é levada pela gravidade. A porosidade do subsolo, a existência de cobertura vegetal na superfície, a inclinação do terreno e o tipo de chuva são fatores determinantes para garantir ou não a infiltração de água. Um solo argiloso tem menor permeabilidade; uma região com floresta é mais permeável que um solo desmatado; chuvas fortes em declividades acentuadas resultam em maior escoamento superficial (podendo causar enchentes e deslizamentos) e menos infiltração.

Ao se infiltrar no solo, a água da chuva passa por uma porção do terreno chamada de zona não saturada ou de aeração, onde os poros são preenchidos parcialmente por água e ar. Parte da água infiltrada no solo é absorvida pelas raízes das plantas e por outros seres vivos, ou evapora e volta para a atmosfera. O restante da água, por ação da gravidade, continua em movimento descendente. A rocha que tem porosidade e permeabilidade constitui o que chamamos de camada aquífera, independentemente de estar saturada ou não.

Nesse percurso, o que sobra de água é acumulado nas zonas mais profundas, preenchendo totalmente os poros e formando a zona saturada. Depois de atingi-la, a água circula lentamente. Isso acontece porque a zona saturada já está repleta de água. É como quando se coloca uma mangueira dentro de um balde cheio d'água. O volume que está no balde faz resistência para o que está chegando, e a velocidade da água da mangueira diminui.

Uma parte dessa água acumulada (novamente cabe a imagem do balde, agora transbordando) deságua na superfície, dando origem a fontes, olhos d'água e nascentes, e também abastecendo poços e outras estruturas de captação. Outra parcela desemboca nos rios, tornando-os perenes nos períodos em que a precipitação é mais escassa, ou é descarregada diretamente em lagos e oceanos.

O limite entre as zonas não saturada e saturada é geralmente chamado de lençol freático. Quando um poço raso é perfurado, o nível de água observado indica a profundidade do lençol freático naquele ponto (chamado de nível freático ou nível d'água). Essa profundidade pode variar ao longo do ano, pois sofre a ação da variação do clima. Em períodos chuvosos, a infiltração de água aumenta e o nível freático se eleva. Em períodos de estiagem, a infiltração diminui e a evaporação aumenta, rebaixando o lençol freático. Nas regiões áridas e semiáridas, os processos de evaporação e transpiração prevalecem, dificultando a infiltração da água até a zona saturada.

No percurso desde a infiltração no solo até o armazenamento nos aquíferos, as águas subterrâneas são filtradas e purificadas. Essas reservas valiosas também têm outras vantagens: não ocupam espaço na superfície, sofrem menos influência de variações climáticas e possuem temperatura constante; além disso, permitem a extração de água próximo ao local de uso e estão mais protegidas de fontes de poluição do que os corpos d'água superficiais.

Por outro lado, os mananciais de água subterrânea, devido à localização e à dinâmica de renovação que lhe são próprias, mostram-se muito vulneráveis à contaminação pelos diversos usos do solo na superfície, assim como à degradação irreversível causada pela superexploração para consumo humano, indústria e irrigação (ver "Como e para que se usa a água?", p. 38) e pelas mudanças climáticas, que põem em risco sua capacidade de se renovar.

Aquíferos

Os aquíferos são o local de armazenamento da água subterrânea. Compõem-se de rochas permeáveis com os poros satu-

TABELA 2
Aquíferos mais importantes do mundo*

Aquífero	Onde fica	Área (em km^2)
GUARANI	Argentina, Brasil, Paraguai e Uruguai	1,2 milhão
ARENITO NÚBIA	Líbia, Egito, Chade e Sudão	2 milhões
KALAHARIJ KAROO	Namíbia, Botswana e África do Sul	135 mil
DIGITALWATERWAY VECHTE	Alemanha e Holanda	7,5 mil
CARSTE ESLOVACO E CARSTE AGGTELEK	Eslováquia e Hungria	**
PRADED	República Tcheca e Polônia	3,3 mil
GRANDE BACIA ARTESIANA	Austrália	1,7 milhão
BACIA MURRAY	Austrália	297 mil

* Considerando tamanho e número de países onde estão.
** Não consta a informação.
Fonte: Associação Brasileira de Águas Subterrâneas, em <http://www.abas.org/educacao.php>, (ALMASSY e BUZAS, 1999, citado em Unesco, 2001).

rados de água. Além de alimentar os cursos d'água superficiais, desempenham papel essencial nos períodos de chuvas intensas por conta de sua capacidade de armazenamento. A água doce neles contida, por sua vez, representa reservas importantes, porque é menos vulnerável à evaporação e a eventos climáticos extremos. Na zona tropical, onde a estação quente pode ter até nove meses de duração, com chuvas de monção intensas, esse duplo serviço hídrico é fundamental.[2]

Distribuição desigual

Há bastante água doce. O problema é que ela vem sendo deteriorada rapidamente, enquanto seu consumo aumenta de maneira exponencial. Além disso, assim como ocorre com a população e os usos da água, ela não está distribuída de forma homogênea pelo planeta.

Para determinar se uma região ou um país possui água suficiente, é necessário analisar todas essas informações em conjunto. A Ásia, por exemplo, tem a maior quantidade de água doce do mundo, mas também a maior concentração de população. Com isso, oferece baixa disponibilidade de água para seus habitantes. A Oceania, por sua vez, apresenta uma oferta muito menor, mas as maiores taxas *per capita* de água do mundo.

Como podemos ver, a disponibilidade de água por habitante é calculada pela relação entre a densidade da população e a quantidade de água de uma determinada região. O dado obtido, chamado de disponibilidade social, é usado para definir a riqueza ou a pobreza de água nos países.

A quantidade mínima estimada pela ONU é de 1000 m^3 por habitante/ano. A disponibilidade social de água nos rios em dezoito países do mundo em 1990 já era inferior a esse índice, e o prognóstico é que essa situação de estresse hídrico deva atingir trinta nações em 2025.[3] A ONU estima, ainda, que 148 países abriguem bacias internacionais (que ultrapassam seus territórios), e que somente 21 bacias estão localizadas na extensão de um único país (como é o caso da Bacia do Rio São Francisco, no Brasil).

Além disso, cerca de 2 bilhões de pessoas ao redor do mundo dependem dos suprimentos subterrâneos de água, que incluem 273 sistemas de aquíferos transfronteiriços. Seu uso é crucial para a subsistência e a segurança alimentar de mais de 1 bilhão de lares rurais nas regiões mais pobres da África e da Ásia, e para o suprimento doméstico de uma grande parte da população de outras áreas. Essa demanda apresentou um aumento nas últimas décadas. Algumas cidades, como Pequim (China), Cidade do México (México) e Lima (Peru), estão localizadas sobre aquíferos ou muito próximas deles e utilizam majoritariamente essa fonte para abastecer seus moradores. Outras cidades, como Buenos Aires (Argentina), Bancoc (Tailândia) e Jacarta (Indonésia), diminuíram o consumo de água subterrânea devido à poluição e à redução dos aquíferos.[4]

Esses fatos corroboram a tese de que a água deve ser analisada na perspectiva de sua distribuição política, pois esta, assim como a distribuição natural, também é desigual: a água abunda onde o consumo é menor e falta onde ocorre desperdício. Essa visão política da água é explicada pelo geógrafo Wagner Costa Ribeiro, para quem a ausência de uma regulação internacional para o acesso à água por meio de uma convenção — um pacto político entre países — pode levar à sua comercialização em escala global e, se for preciso, ao uso da força para conseguir abastecer a população de diversos países.[5] Para Ribeiro, a crise da água é resultado de fatores como escassez pontual, consumo exagerado e sua elevação à condição de mercadoria. Além disso, afirma que, sem acesso justo e equitativo a ela, a segurança internacional encontra-se ameaçada, sob o risco de novas guerras (ver "Motivo de conflitos", p. 50).

Como afirma o *Relatório mundial das Nações Unidas sobre o desenvolvimento dos recursos hídricos 4: O manejo dos recursos hídricos em condições de incerteza e risco*,[6] a água é o único meio pelo qual grandes crises globais (de alimentos, de energia, de saúde e de mudanças climáticas, bem como crises econômicas) podem ser conjuntamente abordadas.

Por que a distribuição é irregular?

O ciclo da água faz com que ela seja considerada um recurso natural renovável, mas é bom lembrar que isso não significa que seja infinita. Sua renovação pode ser entendida, resumidamente, como a circulação contínua de umidade e água no planeta por meio da energia solar que chega à superfície terrestre. A energia solar causa a evaporação das águas dos mares, rios e lagos e a evapotranspiração das plantas. A água atmosférica proveniente da evaporação encontra-se em estado gasoso e origina as nuvens, que se movimentam por meio das correntes atmosféricas e sob a influência da rotação da Terra; quando sofrem condensação, formam a precipitação pluvial (como chuva, neblina e neve). A água das chuvas que atinge a superfície terrestre escoa superficialmente para áreas de menor declividade, abastecendo os rios, que desaguarão no mar, ou então se infiltra no solo, alimentando os lençóis subterrâneos.

A distribuição das chuvas no mundo depende de quatro fatores: latitude, distância do oceano, ação do relevo e efeito de correntes marítimas. Devido à ação da energia solar, ocorre a evaporação de um grande volume de água dos oceanos, dos mares e dos continentes. O sal permanece no mar, e o vapor d'água, por condensação, forma as nuvens, as quais originam as chuvas e outras formas de precipitação. Essa água doce, por gravidade, volta a rios, lagos, lagoas e, por fim, aos oceanos e mares.

O papel dos oceanos no clima da Terra é muito importante. A temperatura do mar é responsável pela estabilidade e pela instabilidade da atmosfera em toda a sua área de influência, assim como pela variação do volume de água que evapora, que é duas vezes maior sobre os oceanos do que sobre os continentes. Essa diferença é em parte transportada pelas correntes de ar em direção às áreas continentais, onde provoca nebulosidade e precipitação.

O sentido das correntes marítimas transfere grandes massas de água para latitudes muito diferentes das de sua origem. Assim, as águas frias são deslocadas para regiões tropicais, e as águas quentes, para as regiões mais frias, processo que contribui com o equilíbrio térmico do planeta e produz os contrastes na distribuição das chuvas.

Mas as ações humanas também influenciam a disponibilidade da água. O desmatamento, o uso do solo, a construção de barragens e reservatórios e a demanda para irrigação têm impacto na quantidade de água disponível para o uso (ver "A crise da água", p. 42).

4. COMO E PARA QUE SE USA A ÁGUA?

Os seres humanos precisam de água basicamente para atender a quatro demandas: produção de alimentos (agricultura e pecuária), geração de energia, abastecimento de indústrias e consumo das pessoas. Além da oferta natural e sua relação com a quantidade e a distribuição da população, a disponibilidade de água depende dos usos e do consumo aos quais ela é destinada. Segundo dados da ONU,[1] os países que consomem os maiores volumes de água são Índia, China, Estados Unidos, Paquistão, Japão, Tailândia, Indonésia, Bangladesh, México e Rússia. A Europa, se considerada como um todo, também está entre os maiores consumidores.

A água e a energia estão intimamente relacionadas. Todas as fontes de energia e de eletricidade precisam de água em seus processos produtivos: a extração de matérias-primas, o arrefecimento de processos térmicos, os processos de limpeza, o cultivo de plantações para biocombustíveis e o fornecimento de energia para turbinas. A própria energia é necessária para tornar disponíveis os recursos hídricos para o uso e o consumo humanos, por meio do bombeamento, do transporte, do tratamento, da dessalinização e da irrigação. Mais de 1 bilhão de pessoas sofrem com a falta de acesso à eletricidade e a outras fontes limpas de energia.[2]

A atividade humana com uso mais intensivo da água, no entanto, é a agricultura, responsável por 70% do consumo mundial. As indústrias demandam 20%, enquanto o uso doméstico responde por 10%. Essa proporção varia de lugar para lugar, uma vez que tem estreita relação com o desenvolvimento econômico, os setores produtivos e as tecnologias empregadas. Na África, por exemplo, 86% da água é destinada à agricultura, enquanto o setor industrial responde por apenas 4%. Na Europa e nos Estados Unidos, o setor industrial é responsável por quase metade do consumo, enquanto o uso doméstico fica entre 13% e 15%, e a agricultura, entre

32% e 39%. Na América Latina, o setor industrial consome 10%, o doméstico, 20%, e a agricultura, 70%.[3]

Apenas para sobreviver, uma pessoa de noventa quilos precisa, em média, de três litros de água por dia, obtidos por meio da ingestão de líquido e comida. Desse total, 53% são eliminados pela urina, outros 42% por transpiração e respiração, e 5% pelas fezes, em um equilíbrio entre o que é ingerido e excretado. No dia a dia, porém, as pessoas consomem água não apenas para beber, mas também para cozinhar, tomar banho e diversas outras coisas.

A ONU estima que cada pessoa precise de 110 litros por dia para realizar essas atividades, mas tal quantidade varia muito de acordo com o país, a situação econômica e a disponibilidade natural de água. Nos Estados Unidos e na Europa, por exemplo, a quantidade média de água por habitante/dia chega a quatrocentos litros. Em algumas cidades, como Nova York, o consumo médio fica em torno de seiscentos litros por habitante/dia. No Brasil, segundo dados do Sistema Nacional de Informações sobre Saneamento (SNIS),[4] a média diária de consumo de água por habitante em 2013 foi de 166,3 litros, uma pequena queda de 0,7% com relação a 2012, mas um aumento considerável em relação aos 149,6 litros por habitante/dia retratados em 2007. O menor consumo por habitante é na região Nordeste (125,8 litros por habitante/dia), e o maior, no Sudeste, com 194 litros por habitante/dia.

Para se destinar ao consumo humano, a água precisa ser potável, ou seja, insípida, inodora e incolor, e poder ser retirada diretamente de fontes, rios, represas e poços. Atualmente, porém, o normal é que seja obtida após tratamento, que varia de simples desinfecção a processos mais complexos, dependendo da qualidade do manancial. Mais do que a quantidade, inúmeras regiões enfrentam problemas de escassez relacionados com a qualidade da água, com tratamentos mais difíceis e caros, que muitas vezes colocam em risco a saúde da população.

Consumo virtual

Além de destinada ao uso direto, a água também se revela, de modo indireto, inerente a qualquer outra atividade humana. O chamado consumo virtual está presente, por exemplo, em todos os alimentos — como carne, queijo, frutas, verduras e grãos —, podendo aumentar muito se a comida for industrializada, pois então se usa água tanto no processamento do produto quanto na fabricação da embalagem. Nos últimos anos, diferentes iniciativas e conceitos vêm sendo discutidos para se mensurar a quantidade de água necessária para gerar bens e serviços durante toda a cadeia produtiva.

Existe uma relação direta entre água e produção de alimentos. As lavouras e a pecuária fazem uso intensivo dela — como vimos, a agricultura responde por 70% do volume retirado. A forte expansão da demanda por produtos pecuários, em particular, está aumentando a necessidade de água e afetando sua qualidade. Segundo a ONU, a demanda global por alimentos deve subir 70% até 2050.

As melhores estimativas sobre o futuro do consumo global de água para a agricultura (incluindo a capacidade pluvial e a agricultura irrigada) são de um aumento de 19% até 2050, muito do qual acontecerá em regiões que já sofrem com escassez.

Durante o Fórum Mundial da Água de 2009, a Organização das Nações Unidas para a Alimentação e Agricultura (FAO) divulgou alguns dados sobre água virtual, mostrando, por exemplo, que são necessários 2 400 litros para a produção de um hambúrguer (pão e carne), 120 litros para cada taça de vinho e 24 litros para a produção de uma batata.

Existem, ainda, iniciativas que buscam calcular a "pegada da água" para países e hábitos de consumo diferentes, como faz a organização holandesa Water Footprint. A "pegada da água" é uma parte da "pegada ecológica", termo utilizado para medir o "rastro" do homem ou as consequências do consumo dos recursos naturais para o planeta, podendo também ser adotada para regiões e recursos naturais específicos.

Os dados, no entanto, ainda apresentam discrepâncias e variam muito de acordo com as fontes. Além disso, é preciso considerar que a quantidade de água necessária para um produto depende muito do processo utilizado. Por exemplo, a quantidade de água consumida para produzir um quilo de soja vai variar conforme a região em que foi produzida — o clima, o solo e o tipo de irrigação empregado.

No relatório *The World's Water* [A água do mundo],[5] Peter H. Gleick diz que não há regras consistentes para traçar os limites da cadeia de produção de um produto. Por exemplo, a Water Footprint calcula que são necessários 125 litros de água para produzir um quilo de folhas de papel, mas esse é o valor de produção do papel em si e não leva em consideração a quantidade de água que alimentou a árvore utilizada na fabricação. Pela mesma fonte, precisa-se de sete litros de água para processar um litro de leite. Mas esse valor deve ser acrescido de mais mil litros de água caso se inclua a criação da vaca. Tais imprecisões não invalidam a importância desses cálculos para a conscientização sobre produção e consumo.

A tendência de aumento do consumo e de diminuição da quantidade de água disponível para as atuais e futuras gerações levou a ONU a publicar, em 2012, o *Relatório mundial das Nações Unidas sobre o desenvolvimento dos recursos hídricos 4: O manejo dos recursos hídricos em condições de incerteza e risco*,[1] no qual relaciona a água com o crescimento populacional, a melhoria do padrão de vida em muitos países, a demanda por maior produção de alimentos e o aumento da produção de energia, particularmente de biocombustíveis.

Além disso, constata-se um grande desperdício de água em todos os setores — nas cidades, na agricultura e na indústria —, muita poluição dos mananciais superficiais e aquíferos, e degradação das bacias hidrográficas e áreas de recargas dos aquíferos por desmatamento. O maior problema causado pela poluição e pela degradação das bacias é a diminuição da capacidade de suporte da água, ou seja, a relação entre o ciclo hidrológico e os diferentes usos da água pelo homem. Os corpos d'água, em geral, conseguem reciclar determinada quantidade de efluentes lançados e possuem uma taxa de renovação. A extrapolação desses limites provoca perda de qualidade dos recursos hídricos, comprometendo também sua capacidade de reposição da água, como é o caso da Bacia do Alto Tietê, onde se localiza a Região Metropolitana de São Paulo.

O relatório da ONU alerta, ainda, para os efeitos das mudanças climáticas, que tendem a agravar o caso de regiões do planeta que já se encontram em situação-limite de uso dos recursos hídricos e vulnerabilidade social. Sem a adaptação apropriada ou o planejamento para a mudança, centenas de milhões de pessoas correm um risco mais alto de enfrentar fome, doenças, racionamento energético e pobreza, como consequências da escassez de água, da poluição e das inundações.

Atualmente, 1 bilhão de pessoas não possuem acesso à água potável, isto é, vivem com menos de cinco litros de água por dia, e a falta de acesso ao esgoto sanitário afeta mais de um terço da população mundial. Entre as lastimáveis consequências desse quadro está a morte por doenças de veiculação hídrica de 1,8 milhão de crianças por ano ao redor do mundo. As principais doenças de veiculação hídrica em escala mundial são cólera, disenteria, enterite, febre tifoide, hepatite infecciosa, poliomielite, disenteria amebiana, malária, dengue e febre amarela.

A água de má qualidade prejudica a saúde humana e degrada os serviços dos ecossistemas. Os custos econômicos da água de má qualidade em países do Oriente Médio e do norte da África variam entre 0,5% e 2,5% do Produto Interno Bruto (PIB). Além disso, estima-se que mais de 80% do esgoto do mundo não é coletado ou tratado, e os agrupamentos urbanos são a principal fonte de poluição pontual.

Poluição

A poluição é um forte complicador para as tendências de escassez de água, pois, a partir de determinado grau de comprometimento da qualidade, o uso pode ficar inviabilizado para muitas finalidades. Para avaliar a água são consideradas suas características físicas, como cor, turbidez e temperatura; químicas, como presença e concentração de componentes químicos e metais, oxigênio dissolvido, entre outros; e microbiológicas, como a presença de coliformes. Os exames laboratoriais de amostras são importantes, mas o gosto e o cheiro são capazes de detectar alterações, especialmente em se tratando de água potável, que não deve ter cheiro, cor ou gosto.

A poluição afeta diretamente a disponibilidade de água e é resultante de agricultura intensiva, produção industrial, mineração, esgotos domésticos e drenagem urbana. Entre os contaminantes mais comuns no mundo estão nitrogênio e fósforo, presentes na matéria orgânica, produtos químicos e fertilizantes. Cargas excessivas dessas substâncias resultam em um processo

INCERTEZAS E RISCOS

Para a realização do relatório da ONU, o Projeto Mundial de Cenários Hídricos do Programa Mundial de Avaliação de Recursos Hídricos (WWAP, na sigla em inglês) realizou pesquisas nas quais os participantes levantaram e quantificaram as principais incertezas e riscos associados à água:

- O aumento da quantidade de água usada na agricultura foi considerado o desenvolvimento mais importante a afetar tal recurso. Entre 1961 e 2001, a produtividade hídrica na agricultura aumentou em quase 100%, e a estimativa é que suba mais 100% até 2040.
- A mudança climática afetará o ciclo hidrológico e, consequentemente, a disponibilidade de água. As pessoas em situação de risco devido ao estresse hídrico podem alcançar 1,7 bilhão antes de 2030 e 2 bilhões no início da década de 2030. Um aumento de 50% nas áreas de deltas vulneráveis a enchentes graves é visto como uma probabilidade no início da década de 2040.
- Noventa por cento da população global poderá ter acesso razoável a fontes seguras de água potável e instalações apropriadas de saneamento básico até o início da década de 2040. Esperam-se também melhorias tecnológicas na coleta de água e irrigação para colheitas entre os anos de 2020 e 2030.
- As estimativas populacionais são de quase 8 bilhões de pessoas em 2034, de 9 bilhões no início da década de 2050 e de mais de 10,46 bilhões posteriormente. A demanda por água nos países em desenvolvimento deve aumentar 50% em relação aos níveis de 2011. Mais de 40% dos países, principalmente os de baixa renda ou da África Subsaariana e da Ásia, provavelmente enfrentarão uma severa escassez de água potável até 2020. O acesso desigual à água pode criar novas polaridades econômicas e resultar em tensões políticas.

conhecido como eutrofização, que pode ser resumido como a morte de um corpo d'água pelo excesso de nutrientes que chegam aos rios, alimentando algas e acabando com o oxigênio da água. Estimativas apontam para um crescimento considerável (20%) das florações de algas nocivas até 2050.[2]

Outra grande preocupação é a contaminação química, que tem relação direta com a fabricação e o consumo de diferentes tipos de produtos, caso de remédios e agrotóxicos, cujo descarte é realizado sem os devidos cuidados.

Entre os impactos mais nocivos da poluição está a degradação de ecossistemas aquáticos, que pode chegar a níveis irreversíveis e comprometer um dos mais importantes serviços ambientais: a renovação dos estoques de água doce. A degradação dos ecossistemas por conta das diferentes atividades (urbanização, agricultura, desmatamento, poluição) está diminuindo a capacidade natural desses ambientes de prover serviços ambientais relacionados à água (como purificação e armazenamento). Os ecossistemas prejudicados perdem a capacidade de se autorregular e de se restaurar, e ainda se acelera o declínio na qualidade e na disponibilidade da água.[3]

Nexo água-energia-comida

O desafio da água no século XX foi desenvolver infraestrutura de larga escala para "dominá-la" por meio de barragens, represas e captação em profundidade. Nessa empreitada, as estreitas relações entre água, energia e comida foram ignoradas ou pouco conhecidas nos processos de decisão. Além disso, cada um desses setores foi considerado individualmente por gestores que mal se comunicam.[4]

A grande maioria dos sistemas de água foi construída partindo do pressuposto de que a energia seria barata e abundante. Da mesma forma, a produção de comida vem sendo operada como se nem água nem energia fossem fatores limitantes.

A agricultura é um grande consumidor de água (70% da demanda) e também de energia, e os preços de comida são sensíveis aos preços e políticas de energia, que incidem diretamente sobre fertilizantes, pesticidas e transporte para centros de distribuição. Atingir a demanda por comida e fibras para uma população crescente, que está simultaneamente mudando sua dieta para uma dieta "water-intensive", vai requerer repensar como a água é usada.[5] Da mesma forma, a produção de energia exige grandes quantidades de água. Nos Estados Unidos, as termelétricas respondem por 50% da demanda.[6] Novas fontes de energia, como biocombustíveis, trazem tensões para as fontes locais de água e produção de comida. E, finalmente, grandes quantidades de energia são necessárias para capturar, tratar, distribuir e usar a água.

Água e pobreza

Segundo a ONU, os desastres provocados pela água são um grande obstáculo à redução da pobreza e ao cumprimento dos objetivos de desenvolvimento. Uma questão gravíssima é a desertificação, a degradação do solo e a seca (DLDD, na sigla em inglês: "desertification, land degradation and drought"). Estimativas recentes sugerem que aproximadamente 2 bilhões de hectares de terra em todo o mundo — uma área duas vezes maior do que a China — já estão seriamente degradados, de maneira irreversível em alguns trechos.

Globalmente, a DLDD afeta 1,5 bilhão de pessoas que vivem em áreas em estado de degradação e está estreitamente associada à pobreza. A escassez de água em decorrência da DLDD tem como resultados a insegurança alimentar e a desnutrição nas comunidades afetadas, em particular nos países em desenvolvimento. Essas alterações afetam profundamente os ecossistemas, inclusive a vida que eles sustentam, mostrando que a situação está fora de equilíbrio.

Conforme o *Relatório mundial das Nações Unidas sobre o desenvolvimento dos recursos hídricos*, a disponibilidade da água não está garantida, por diferentes motivos, em nenhum dos continentes:

- África: O continente enfrenta uma situação de pobreza endêmica, insegurança alimentar e subdesenvolvimento dominante. O acesso ao fornecimento de água é o menor entre as regiões do mundo. A maioria dos países não consegue aproveitar as terras aráveis disponíveis para a produção agrícola e a expansão da irrigação, e o serviço de energia elétrica é precário. A cobertura do suprimento de água potável na África Subsaariana não chega a 60% do total. O abastecimento nas zonas rurais aumentou para 47% em 2008, mas não foi capaz de crescer além de 80% nas áreas urbanas ao longo do período a partir de 1990. Apenas 31% da população faz uso de instalações sanitárias adequadas. Se por um lado a proporção da população que pratica a defecação em campo aberto está declinando, por outro lado ela aumentou em termos absolutos, de 188 milhões em 1990 para 224 milhões em 2008. Apenas 3% de seus recursos hídricos renováveis são explorados para a hidreletricidade. Na África Subsaariana, as secas são o risco climático dominante, gerando um efeito altamente negativo sobre o aumento do PIB em um terço dos países.
- Europa e América do Norte: Os norte-americanos têm o mais alto uso *per capita* de água no mundo, consumindo cerca de 2,5 vezes mais do que os europeus. Mas mesmo na América do Norte há bolsões de carência hídrica, em particular entre os povos indígenas: em mais de 10 mil lares em reservas no Canadá não há encanamento doméstico, e os sistemas de abastecimento de água e esgoto estão abaixo dos padrões em uma em cada quatro reservas. Na Euro-

pa, cerca de 120 milhões de pessoas não têm acesso à água potável segura, e um número ainda maior carece de acesso a saneamento básico, o que resulta em incidências mais altas de doenças relacionadas à água. Outro problema importante tanto na Europa quanto na América do Norte é a poluição dos cursos d'água por produtos agroquímicos, em particular o nitrogênio, o fósforo e os pesticidas. Segundo o Painel Intergovernamental sobre Mudança Climática (IPCC, na sigla em inglês), o estresse hídrico vai aumentar no centro e no sul da Europa, e, até 2070, o número de pessoas afetadas crescerá entre 16 e 44 milhões.

- Ásia e Pacífico: Como essa região está passando por um processo de rápida urbanização, crescimento econômico, industrialização e desenvolvimento agrícola, a segurança alimentar é uma questão urgente, já que dois terços das pessoas que passam fome no mundo vivem na Ásia. A proporção da população com acesso à água potável de qualidade subiu de 73% para 88%, o equivalente a 1,2 bilhão de pessoas. Juntas, a China e a Índia são responsáveis por 47% do 1,9 bilhão de pessoas que obtiveram acesso ao fornecimento de água potável de qualidade ao redor do mundo. A situação em relação à cobertura de saneamento básico, porém, é muito menos encorajadora: 72% dos 2,6 bilhões de pessoas que não fazem uso de instalações aprimoradas de saneamento vivem na Ásia. Além disso, a Ásia e o Pacífico são as regiões mundiais mais vulneráveis a desastres naturais, com áreas costeiras propensas a inundações e pequenos países insulares sujeitos a tempestades e ao aumento do nível do mar.
- América Latina e Caribe: Essa parte do mundo, da qual o Brasil faz parte, é basicamente úmida, mas com padrão de uso da água altamente concentrado em relativamente poucas áreas. Sua população urbana triplicou ao longo dos últimos quarenta anos, gerando considerável quantidade de cidades grandes, mas também médias e pequenas. Estima-se

que 35% da população, ou cerca de 189 milhões, viva em situação de pobreza. Muitos países ainda dependem das exportações de bens e serviços que fazem uso intensivo de água, incluindo minerais, alimentos e outros produtos. Apesar da maioria dos países usufruir altos níveis de cobertura de água de qualidade e de saneamento, o padrão dos serviços varia muito, e existem diferenças importantes entre as áreas rurais e as urbanas, assim como entre países. Quase 40 milhões de pessoas carecem de acesso à água de qualidade, e cerca de 120 milhões não têm instalações sanitárias apropriadas. A região também apresenta sérios problemas geopolíticos, por conta de suas 61 bacias e 64 aquíferos que cruzam as fronteiras nacionais. Devido à sua localização, a América Central, o Caribe e os Andes correrão mais riscos com as mudanças climáticas.

- Mundo árabe e Ásia Ocidental: A escassez gera insegurança alimentar. A produção de cereais tem sido responsável por uma crescente exploração de águas subterrâneas para irrigação, e, por isso, seu bombeamento está se tornando cada vez mais caro e insustentável. Os principais fatores que afetam os recursos hídricos locais são o crescimento populacional e as migrações; o aumento na renda, na riqueza e no consumo; e os conflitos regionais. Com as mudanças climáticas, espera-se que a região enfrente temperaturas ainda mais altas e eventos climáticos extremos (enchentes e secas). Para desmotivar possíveis conflitos por recursos hídricos, tem-se buscado o compartilhamento dos escassos recursos disponíveis de modo coordenado.

Direito humano à água e ao saneamento

Em julho de 2010, a Assembleia Geral das Nações Unidas aprovou a Resolução 64/292, que reconhece oficialmente o acesso à água potável e ao saneamento como direitos humanos essenciais para o pleno gozo da vida e de todos os direitos humanos. A decisão ressalta a importância do acesso equitativo como componente da realização dos demais direitos.[7]

Em setembro de 2010, o Conselho de Direitos Humanos reafirmou a decisão da Assembleia Geral e especificou que o direito à água e ao saneamento está relacionado ao direito a um nível de vida adequado e não pode ser dissociado do direito à saúde física e mental, bem como à vida e à dignidade humana. Estabeleceu ainda que os Estados têm dever de garanti-los e apelou para que todos se comprometam a implementar mecanismos adequados para sua gradual universalização.

Motivo de conflitos

Com tantos problemas, não é de admirar que a água seja motivo de controvérsia em várias regiões do mundo. No artigo "Water and Conflict: Events, Trends, and Analysis (2011-2012)" [Água e conflitos: eventos, tendências e análises],[8] Peter H. Gleick e Matthew Heberger mostram que houve um aumento de casos de litígios relacionados com água e violência nos últimos anos. Os dados são do Pacific Institute, que vem acompanhando, analisando e catalogando conflitos no âmbito dos recursos hídricos.

Como confrontos por água acontecem desde que o mundo é mundo, os autores reconhecem que parte desse crescimento pode ser creditada à melhoria na comunicação, como a internet, mas parte dele também deve ser decorrente das tensões e disputas por água doce em um mundo que tem esgotado seus recursos naturais. Uma das hipóteses é que conflitos relacionados à água tendem a aumentar devido ao crescimento do consumo, à contaminação e à extensa dependência da agricultura e de alguns usos urbanos, que provocam o esgotamento de fontes não renováveis. Disputas e guerras por água acontecem não apenas entre países, mas também entre estados e localmente. Vários filmes mostram disputas sangrentas nos Estados Unidos no século passado, como *Da terra nascem os homens*, de 1958, com Gregory Peck,[9] ou o mais recente *Rebelião em Milagro* (1988), com Sônia Braga e dirigido por Robert Redford, no qual um produtor pobre começa um conflito ao desviar a água controlada por um explorador de terras.[10]

Entre 2011 e 2012, houve relatos de violência relacionada à água em todas as regiões em desenvolvimento do mundo, especialmente no Oriente Médio, África e Ásia, mas com exemplos também na América Latina. A água foi um dos componentes da guerra civil na Líbia e da longa disputa de fronteiras entre Israel e a Palestina. A guerra civil em curso na Síria é um exemplo crítico em que a escassez de água, a má gestão, a seca e os deslocamentos populacionais contribuíram diretamente para o conflito. As recentes disputas na região de construção da usina hidrelétrica de Belo Monte, no Pará, que chegaram a interromper as obras, estão entre os casos computados.

SEGUNDA PARTE – O BRASIL E A ÁGUA

A água sempre esteve presente nos grandes mitos e histórias da humanidade, vide Moisés abrindo o mar Vermelho para o povo hebreu se libertar da escravidão no Egito. Segundo o sociólogo da USP Antonio Carlos Diegues,[1] em muitas culturas o mar é masculino, um elemento de poder. Em alguns mitos, é um elemento que nem sequer foi dominado por Deus. Já as águas das lagoas e estuários são consideradas femininas, porque tais lugares são tidos como mais calmos, raramente assolados por ventanias e tempestades. Diegues lembra, ainda, que a maioria dos santos católicos, e sobretudo a Virgem Maria, aparece em grutas e fontes de água doce. Para ele, a água na simbologia é um elemento sagrado e ambíguo, pois traz a vida, como no batismo, mas também pode acabar com ela, como no dilúvio.

No Brasil, a fé em Nossa Senhora dos Navegantes chegou com os portugueses, que pediam proteção para retornarem ao lar após partirem em suas longas viagens. O sincretismo religioso misturou crenças europeias e africanas, e hoje a Virgem é homenageada no mesmo dia (2 de fevereiro) que Iemanjá, orixá das grandes águas, dos mares e oceanos nas religiões afro-brasileiras.

É na cultura indígena, porém, que a água se manifesta com toda a sua força e deixou os maiores legados, como Iara, a Mãe d'Água, no folclore amazônico. A água de rios, riachos, igarapés, igapós e lagos tem importância vital para os povos indígenas e, na mitologia de várias dessas sociedades, está associada diretamente às suas origens; é considerada, em muitos casos, um ser vivo ao qual se deve respeito. O livro *A história do uso da água no Brasil: Do descobrimento ao século XX*, publicado pela Agência Nacional de Águas (ANA),[2] mostra como esses povos desenvolveram mitos que relatam o surgimento de suas tribos, dos ancestrais e das relações entre os seres da água e os humanos.

Por conta dessa mitologia, rituais de pesca são realizados para obter permissão para entrar no rio e capturar os peixes. Para o povo metutire (grupo caiapó dos estados de Mato Grosso e Pará), a água é considerada um elemento que estimula o crescimento físico e o amadurecimento psicossocial, e as mulheres costumam mandar as crianças banharem-se na chuva para que cresçam rapidamente. O povo aúwe xavante (de Mato Grosso) distingue dois tipos de água: a dos rios, como água viva, e a dos lagos e lagoas, considerada parada ou morta; cada uma delas tem seus donos.

Por meio da língua, a cultura indígena da água registrou as marcas mais indeléveis na cultura brasileira. Aprender as denominações indígenas para as águas brasileiras era, para os povoadores europeus, muitas vezes uma questão de sobrevivência. Saber a diferença entre igarapés, igapós e paranás mostrava-se fundamental para não se afogar nos caminhos. A água também está na origem de grande parte dos nomes de lugares do país:

> Em tupi, o substantivo água é diminuto, apesar de sua abundância na terra brasilis. Água resume-se a uma letra: i (ig). A expressão água verdadeira, água de fato, é ieté. Água doce é icem. Água boa é icatu. Água benta ou água santa é icaraí, palavra muito pronunciada por ibarés jesuítas. Hoje designa bairros e localidades, sobretudo no estado do Rio de Janeiro. E icanga ou iacanga designa a nascente, a cabeceira ou o início de um rio. O termo entra na composição de muitos topônimos brasileiros.
>
> O limo dos rios é chamado carinhosamente de cabelo d'água: igaba. Igara designa a canoa e dela derivam muitos nomes, de muitas cidades e logradouros, como Igaraçu, bela e antiga vila pernambucana, sinônimo de canoa grande. Ou, ainda, Igarapava: ancoradouro de canoas, bem como Igaratá, canoa forte ou resistente, e outras tantas. Iguá é outro tesouro da língua indígena. Evoca a bacia fluvial, a enseada (i, água, guá, enseada, bacia, rio amplo), como em Iguatinga, baía branca, e Iguaba,

bebedouro da baía. Nomeia municípios e cidades como Iguape (textualmente, na enseada) e Iguaçu (rio grande). Itu, salto, cachoeira ou cascata, é o nome do município onde se encontra o salto do Tietê.[3]

A rápida diminuição da população nativa brasileira com a chegada dos portugueses, porém, impediu que seus usos e costumes influenciassem os colonizadores, que se desenvolveram aos modos das demais sociedades europeias. Assim, a concepção indígena do cuidado com o meio ambiente para garantir águas limpas nos rios e para a própria sobrevivência não permeou os imigrantes, que adotaram uma cultura associada à água dependente de sua disponibilidade, ou seja, quanto mais água, maior o desperdício.

O Brasil possui 12% da água doce superficial do planeta. Mais da metade do território do país recebe chuvas abundantes durante o ano e tem condições climáticas e geológicas que propiciam a formação de uma extensa e densa rede de rios. A exceção é a região em que predomina o bioma Caatinga, o Semiárido brasileiro, onde a maior parte dos rios é intermitente e seca durante períodos de escassez de chuva. Isso acontece por uma série de fatores geográficos, entre eles o fato de a região estar numa altitude mais elevada e rodeada por depressões, de modo que as massas de ar úmido são barradas quando chegam. Mesmo lá, porém, os rios Parnaíba (o Velho Monge) e São Francisco (o Velho Chico) trazem vida e fertilidade a parte do sertão nordestino.

Assim como o Velho Chico, boa parte das águas brasileiras tem origem na região do Cerrado, não por acaso chamada de Berço das Águas. Nesse bioma, que ocupa quase um quarto do território do país, nascem também águas que ajudam a formar as outras duas grandes bacias hidrográficas brasileiras — a Amazônica e a do Paraná/Paraguai. Sem o Cerrado, o Semiárido seria muito mais seco, não haveria Pantanal, e a Amazônia e a Mata Atlântica seriam menos ricas e exuberantes.

O total de águas superficiais disponível no país é de 91 mil m^3/s. Se incluirmos as águas subterrâneas, temos mais 42,3 mil m^3/s, o que corresponde a 46% da disponibilidade hídrica nacional.[1] Dos municípios brasileiros, 47% são abastecidos exclusivamente por mananciais superficiais, 39% por águas subterrâneas e 14% pelos dois tipos de manancial.

Mas, da mesma maneira que ocorre no resto do mundo, também por aqui a presença da água é bastante desigual. Além das questões climáticas, que influenciam na quantidade de chuva, sua distribuição não está concentrada nos locais mais populosos. Na região Norte, onde o portentoso rio Amazonas e seus afluentes concentram 68% das águas superficiais do país, vivem apenas 7% da população. Por outro lado, as regiões Nordeste e Sudeste abarcam 72% dos habitantes, mas contam com apenas 10% dos recursos hídricos.

Essa disparidade acontece por conta da concentração populacional. Enquanto a Região Metropolitana de São Paulo possui aproximadamente 20 milhões de pessoas em uma área de pouco mais de 10 mil km^2, municípios da região Norte, como Atalaia do Norte, no Amazonas, apresentam densidade demográfica muito rarefeita, inferior a 0,15 habitante por km^2.[2] Isso corresponde a uma pessoa para cada 7 km^2!

Embora os especialistas venham alertando há anos, a população brasileira começou a perceber apenas em 2014 que não é somente no Semiárido nordestino que falta água. A Região Metropolitana de São Paulo, por exemplo, é um dos locais com menor disponibilidade de água por habitante no Brasil.

Localizada na Bacia do Alto Tietê, essa região, a mais populosa do país, tem cinco vezes menos água do que é considerado adequado (201 m^3 por habitante/dia, frente aos 1000 m^3 por habitante/dia recomendados pela ONU). Para se ter uma ideia, a disponibilidade de água por habitante em São Paulo é inferior à existente em Gaza, onde a escassez hídrica é uma das mais agudas do mundo.

Desmatamento, mudança climática e água

Embora não se possa provar que a seca que atingiu a região Sudeste do país entre 2014 e início de 2015 seja uma consequência das mudanças climáticas causadas pelo desmatamento da Amazônia, sabemos que ele afeta o fornecimento de vapor para a atmosfera e prejudica o deslocamento deste para outras regiões. O transporte é realizado pelos rios aéreos ou voadores, verdadeiros cursos d'água atmosféricos formados por massas de ar carregadas de vapor de água propagadas pelos ventos. Essas correntes de ar invisíveis passam em cima de nossas cabeças carregando umidade da Bacia Amazônica para o Centro-Oeste, Sudeste e Sul do Brasil.

Por isso, Antonio Donato Nobre, pesquisador do Centro de Ciência do Sistema Terrestre do Instituto Nacional de Pesquisas Espaciais (INPE),[3] afirma que o desmatamento da Amazônia levará a um clima inóspito naquela região e deverá afetar outras. Seus estudos mostram como o efeito de bombeamento atmosférico realizado pela floresta abastece os rios aéreos de umidade e transporta água, alimentando chuvas em regiões distantes do oceano.

Segundo Nobre, amplas extensões na porção oriental da Amazônia, justamente a mais afetada por desmatamento e degradação florestal, já sofrem com o aumento da duração do período seco, a redução das chuvas totais no ano e até mesmo sua extinção no período seco, o que torna as partes preservadas da floresta suscetíveis à degradação pela invasão de fogo a partir de áreas já alteradas.

Uma duração e uma intensidade maiores da estação seca têm consequências diretas sobre a agricultura, já que diminuem a água disponível no solo, prejudicando a produção. Infelizmente essa parece ser uma tendência de progressão do clima, um cenário com potencial de danificar até a safra principal em regiões produtoras de grãos, como o norte do Mato Grosso.

Existem nas observações do clima registros de secas fortes no Sudeste. O que surpreendeu e assustou em 2014, para Nobre, além da intensidade e da duração sem precedentes, foi o virtual desaparecimento da Zona de Convergência do Atlântico Sul.[5] Essa condição inviabilizou os modelos numéricos até para previsões de curto prazo.

Por essas características inusitadas do fenômeno climático, vários pesquisadores cogitam tratar-se das primeiras manifestações de mudanças climáticas associadas ao aquecimento

As florestas nativas influenciam o clima de diversas e poderosas formas. No relatório *O futuro climático da Amazônia*,[4] são detalhados cinco efeitos conhecidos:

1) A intensa transpiração das árvores condiciona e mantém a alta umidade atmosférica;
2) Os compostos orgânicos voláteis emitidos pelas folhas — os cheiros da floresta — participam de forma determinante como sementes no processo de nucleação das nuvens e geração de chuvas abundantes;
3) A condensação atmosférica do vapor transpirado pelas plantas torna a pressão sobre a floresta menor que aquela sobre o oceano, por isso o ar úmido é sugado para dentro do continente;
4) O efeito de bombeamento atmosférico realizado pela floresta propele rios aéreos de umidade que transportam água, alimentando chuvas em regiões distantes do oceano;
5) O dossel rugoso da floresta, formado por suas imensas árvores, freia a energia dos ventos, atenuando a violência de eventos atmosféricos.

global. Porém, não se sabe ainda como os vários fatores interagiram para produzir a seca. Parte importante dela, entretanto, deve-se ao fato de a umidade amazônica não ter se propagado pelo Sudeste.

Embora não seja possível consultar uma bola de cristal para prever o futuro, sabe-se que o desmatamento afeta o fornecimento de vapor para a atmosfera e prejudica o transporte deste para regiões mais à frente dos rios aéreos. Também é fato que o Sudeste é receptor e dependente da umidade exportada como serviço ambiental pela Floresta Amazônica. Para Antonio Nobre, isso significa que, "se não recuperarmos a floresta, ou pior, se ainda por cima continuarmos com o desmatamento, estaremos serrando o próprio galho onde sentamos".

Assim como a distribuição, a demanda pela água não é equilibrada no país. Para entender essas diferenças, usamos como critério as regiões hidrográficas, um conceito criado pelo Conselho Nacional de Recursos Hídricos (CNRH) como uma maneira de gerenciar e planejar os recursos hídricos brasileiros, com base nas bacias hidrográficas. Diferentemente destas, que são definidas pela natureza e não respeitam as fronteiras criadas pelo homem, as doze regiões hidrográficas do país estão restritas ao espaço territorial brasileiro (ver mapa de regiões hidrográficas no caderno especial).

A região hídrica de onde mais se retira água é a Bacia do Paraná, seguida pelas regiões do Atlântico Nordeste Oriental e Atlântico Sudeste, São Francisco e Uruguai. As menores demandas (menos de 100 m^3/s) estão nas regiões Atlântico Nordeste Ocidental, Paraguai, Parnaíba, Amazônica e Tocantins-Araguaia.

O que mais tem elevado a demanda por água no Brasil é a irrigação. Na região do Paraná, houve um crescimento de 50% na retirada total entre 2006 e 2010, porque a necessidade de água para irrigação dobrou. Os maiores aumentos proporcionais, porém, ocorreram nas regiões do Tocantins-Araguaia e do São Francisco: foram de 73% e 54%, respectivamente.

O abastecimento das cidades é responsável pela segunda maior retirada de água no país (e o terceiro maior consumo). Grande parte dos municípios brasileiros é atendida por mananciais superficiais (61%) — em geral, por apenas um. Em alguns casos, porém, os mananciais superficiais estão em outras bacias, e é preciso transferir a água para a região a ser abastecida. Constituem exemplos as regiões metropolitanas do Rio de Janeiro, abastecida pela Bacia do Paraíba do Sul, e São Paulo, com água do Piracicaba-Capivari-Jundiaí, onde está o sistema Cantareira, maior fonte de água para a região. As possibilidades de conflitos de uso nesses casos são grandes, pois, em situação de escassez, o recurso precisa ser repartido entre sua região de origem e as grandes metrópoles.

De acordo com os dados do SNIS,[1] mais de 90% da população urbana tem acesso ao fornecimento de água. Em relação aos esgotos, porém, apenas 58,8% do produzido é coletado. Uma porcentagem menor ainda (40,8%) recebe tratamento.

O setor industrial é o terceiro a retirar mais água das fontes e o quarto em termos de consumo, já que parte do volume utilizado é devolvido após o processo industrial (quando a água é empregada para resfriar caldeiras e máquinas, por exemplo). Em comparação com a demanda da irrigação, pode parecer pouco, mas 80% das autorizações de uso (outorgas) emitidas pela ANA e pelos órgãos estaduais para fins industriais até dezembro de 2012 estão concentradas apenas nas regiões hidrográficas do Paraná, Atlântico Sudeste e São Francisco (na região das cabeceiras). Em bacias como a do rio Tietê (região hidrográfica do Paraná), essa é a demanda principal, respondendo por 45% da vazão de retirada.

Das captações para fins industriais em rios de domínio da União (aqueles que passam por mais de um estado), a fabricação de celulose, papel e produtos do papel é a que tem a maior porcentagem (24%), seguida da metalurgia básica (19%).

Produção hidrelétrica e agricultura de exportação

A demanda por água no Brasil aumentou 29% entre 2006 e 2010. Conforme dados da ANA,[2] a irrigação foi a principal responsável por esse acréscimo e responde por 54% do volume de água retirado. A segunda maior destinação da água é o abastecimento urbano (22%), e em seguida vêm as indústrias (16,6%). Todos os usos da água apresentaram crescimento de demanda no período; a única exceção foi o abastecimento da população rural, acompanhando sua redução.

TABELA 3
Usos da água no Brasil

Vazão retirada por tipo de uso em 2006 e em 2010					
Usos da água	Em 2006		Em 2010		Crescimento 2006 a 2010
	Vazão (em m³)	%	Vazão (em m³)	%	%
1º IRRIGAÇÃO	865,5	47,0	1270	53,5	46,7
2º ABASTECIMENTO URBANO	479	26,0	522	22,0	9,0
3º INDUSTRIAL	313	17,0	395	16,6	26,2
4º ABASTECIMENTO ANIMAL	147	8,0	151,5	6,4	3,1
5º ABASTECIMENTO RURAL	37	2,0	34,5	1,5	-6,8
TOTAL	1841,5	100	2373	100,0	28,9

Vazão consumida por tipo de uso em 2006 e em 2010					
Usos da água	Em 2006		Em 2010		Crescimento 2006 a 2010
	Vazão (em m³)	%	Vazão (em m³)	%	%
1º IRRIGAÇÃO	680,5	69,0	836	72,0	22,9
2º ABASTECIMENTO URBANO	118,4	12,0	125	10,8	5,6
3º INDUSTRIAL	98,7	10,0	104	9,0	5,4
4º ABASTECIMENTO ANIMAL	69	7,0	78	6,7	13,0
5º ABASTECIMENTO RURAL	19,8	2,0	18	1,6	-9,1
TOTAL	986,4	100	1161	100	17,7

Fonte: ANA.

Mas nem toda a água retirada é efetivamente consumida. Essa proporção varia de acordo com o uso que dela se faz e é denominada vazão de retorno.[3] Em uma residência urbana, por exemplo, a vazão de retorno é de 80%, o que equivale à quantidade de esgoto produzida. O mesmo acontece, em geral, com os setores industriais. Já na irrigação, o retorno é de 20% do retirado.

Entre 2006 e 2010, a quantidade de água efetivamente consumida no Brasil aumentou 17,7%. Mais uma vez, a irrigação teve maior peso no acréscimo (22,9%), somando 72% do total. O setor responsável pela segunda maior demanda de água foi o abastecimento animal, com crescimento de 5,6% no período. O fornecimento urbano respondeu pela terceira maior quantidade de água consumida (aumento de 5,4%). O setor industrial, quarto na lista, consumiu 13% a mais de água.

A aplicação para a produção de hidreletricidade não entra na conta porque a água não é retirada, embora seu impacto nas bacias hidrográficas seja imenso, assim como sua participação nos conflitos de uso. O país possui mais de mil empreendimentos hidrelétricos, sendo cerca de quatrocentas centrais de geração hidrelétrica (CGH); por volta de 450 pequenas centrais hidrelétricas (PCH); e aproximadamente duzentas usinas hidrelétricas (UHE). A diferença entre elas é o tamanho. Enquanto uma CGH tem o potencial de gerar até 1 megawatt (MW), uma PCH pode gerar até 30 MW. Acima disso, já estamos falando das UHE, que consistem em um conjunto de obras e de equipamentos cujo potencial de gerar energia é tão grande quanto o de causar impactos sociais e ambientais.

O Brasil conta com a segunda maior usina hidrelétrica do mundo, Itaipu Binacional (localizada na fronteira entre Brasil e Paraguai), com 14 000 MW de potência instalada e fornecimento de aproximadamente 17% da energia elétrica consumida no Brasil e 75% do consumo paraguaio. Só perde para Três Gargantas, na China, com 22 720 MW. No documentário canadense *Marca d'água*,[4] os diretores Jennifer Baichwal e Edward Burtynsky mostram a construção da usina Xiluodu, também na China, e dão uma ideia da magnificência que é a obra de uma grande UHE.

A geração hidrelétrica representa 70% de toda a capacidade instalada no país e deve aumentar de 84 gigawatts (GW) para 117 GW entre 2012 e 2021, segundo o Plano Decenal de Expansão de Energia (PDEE). Parte preponderante dessa expansão terá lugar na Amazônia devido à implantação de grandes empreendimentos, dos quais o principal é a UHE de Belo Monte, terceira maior hidrelétrica do mundo, que começou a operar no município de Altamira, Pará, no rio Xingu. Quando estiver funcionando a toda força, a usina poderá produzir até 11 233 MW de eletricidade, uma capacidade instalada suficiente para iluminar as casas de pelo menos 18 milhões de pessoas.

Para isso acontecer, porém, foi inundada uma extensão de mais de 640 km², o correspondente a quase metade da cidade do Rio de Janeiro, atingindo mais de 20 mil pessoas, que foram obrigadas a se mudar para outras áreas. Por outro lado, mais de cem quilômetros de rios secaram, privando muitos do acesso a água, peixes ou meios de transporte e impactando seu modo de vida tradicional baseado em agricultura, caça e pesca. Com a seca, serão extintas dez espécies de peixes endêmicos, e inúmeras outras correm o mesmo risco. A obra teve impacto, ainda, sobre doze terras indígenas.[5]

As extensas reservas, concentradas principalmente na Amazônia, criam a falsa impressão de que o Brasil tem uma situação confortável em relação à água. Poluição por esgotos urbanos, desmatamento e uso indiscriminado de fertilizantes e agrotóxicos estão corroendo esse patrimônio e aumentando nossa vulnerabilidade em relação aos eventos climáticos extremos, como é o caso do sudeste do país, com destaque para São Paulo, que vive um colapso iminente do abastecimento de milhões de pessoas.

Existem várias regiões em situação crítica de estresse hídrico no país. São elas o Semiárido (Nordeste e norte de Minas Gerais); o Sul (Rio Grande do Sul e Santa Catarina), por conta da irrigação; e muitos centros urbanos, em especial regiões metropolitanas, devido à poluição por esgotos[1] (ver mapa de trechos críticos no caderno especial).

As grandes ameaças

Os três principais fatores de degradação da água no Brasil são a poluição por esgotos e efluentes urbanos, o despejo indiscriminado de fertilizantes e agrotóxicos e, por último, além de diretamente relacionado com os dois primeiros, o desmatamento de cabeceiras dos rios e de áreas de preservação permanente e de recargas de aquíferos, que impacta a qualidade e a capacidade dos ecossistemas de manterem um ciclo virtuoso de renovação de água. Com a retirada da cobertura vegetal, a infiltração de água no solo diminui, o escoamento fluvial e a perda de solo aumentam, resultando na redução da capacidade de reposição de água e também na maior incidência de inundações, assoreamento e poluição por acúmulo de sedimentos. As bacias mais críticas no Brasil são as do Paraná, do Uruguai e do Atlântico Sudeste, Leste e Sul, que apresentam apenas entre 16% e 39% de cobertura vegetal nativa.

Um forte agravante para a situação das águas no Brasil foi a aprovação, em 2012, do novo Código Florestal (Lei 12 651), que ignora a delicada relação entre água e vegetação. Apesar do apelo de cientistas e ambientalistas, a legislação atual diminuiu o respaldo a Áreas de Proteção Permanente (entre as quais estão matas ribeirinhas e nascentes) e eliminou a necessidade de reflorestar mais de 29 milhões de hectares desmatados ilegalmente. É preciso considerar, ainda, os impactos no restante do país causados pelo desmatamento da Amazônia, floresta que influi na circulação de umidade e na formação de chuvas no continente sul-americano (ver "Desmatamento, mudança climática e água", p. 58).

Escassez de água por problemas de qualidade

O despejo indiscriminado de poluição urbana, industrial e agrícola, em conjunto com o desmatamento, resulta em outro tipo de escassez de água: aquela gerada pela impossibilidade de usá-la para abastecer as pessoas e produzir alimentos por problemas de qualidade, ou seja, a água existe, mas é tão poluída que não pode ser consumida.

Esse é o caso da Billings, na Região Metropolitana de São Paulo, uma das maiores represas em área urbana do mundo, mas que não pode ser utilizada em sua totalidade para abastecimento urbano porque parte considerável de suas águas tem altos níveis de poluição acumulada durante mais de sessenta anos de bombeamento dos rios Tietê e Pinheiros. A situação é ainda mais estarrecedora por conta da crise hídrica que se instalou na região no final de 2013, levando a cortes frequentes de fornecimento e a grandes sacrifícios por parte da população.

De acordo com monitoramento feito pela ANA, 44% dos pontos de medição situados nas áreas urbanas apresentam Índice de Qualidade da Água (IQA) ruim ou péssimo; em 30%

ele é regular e em apenas 26% se revela bom ou ótimo. Dos rios federais (aqueles que passam por mais de um estado) monitorados pela ANA, 16% estão em situação crítica.

Além disso, mais da metade (58%) dos lagos e reservatórios do Brasil recebe esgotos e fertilizantes lançados sem tratamento e está morrendo por falta de oxigênio na água (23% em grau elevado), enquanto 28% dos rios também sofrem com o problema (7% em grau elevado). Esse fenômeno, chamado de eutrofização, indica o desequilíbrio de um ecossistema aquático por conta do excesso de nutrientes na água — como nitratos (componentes de adubos e fertilizantes) e fosfatos (presentes em dejetos humanos e animais e em detergentes). Os agrotóxicos, largamente utilizados no Brasil, ao serem aplicados nas culturas, podem persistir por vários anos no solo e alcançar mananciais superficiais e subterrâneos, com impactos sobre a vida aquática e o consumo da água ainda não dimensionados no país, que não conta sequer com a presença desses elementos nas redes de monitoramento.

Das 27 unidades da federação (26 estados e o Distrito Federal), apenas dezessete possuem redes de monitoramento de qualidade das águas. Na região amazônica, existem apenas duas, uma operada pela ANA e outra pela Secretaria Estadual de Meio Ambiente de Mato Grosso, na Bacia do Rio Tapajós.

Além disso, nos últimos anos, houve períodos de estiagem na Amazônia (2010), Nordeste (de 2012 até pelo menos 2015), norte de Minas Gerais (2012/2013), região Sul (2005, 2009, 2012) e São Paulo (2013/2014). Com parte significativa da rede hídrica nacional sem monitoramento sistemático de qualidade das águas, como é o caso da região amazônica, e a ocorrência de períodos de estiagem aumentando, é possível afirmar que os problemas de abastecimento de água tendem a piorar no país.

Semiárido

O Semiárido brasileiro abrange os estados de Alagoas, Bahia, Ceará, Minas Gerais, Paraíba, Pernambuco, Piauí, Rio Grande do Norte e Sergipe, ocupando uma área de 977 mil km^2. Em seus 1 133 municípios vivem 20 milhões de pessoas, o correspondente a 12% da população brasileira. Dessas, 56% habitam a área urbana e 44%, a rural. Entre as características do Semiárido estão reservas insuficientes de água em seus mananciais, temperaturas elevadas durante todo o ano, baixas amplitudes térmicas (da ordem de 2°C a 3°C), forte insolação e altas taxas de evapotranspiração.

Os totais pluviométricos são irregulares e inferiores a 900 mm, normalmente superados pelos elevados índices de evapotranspiração, resultando em taxas negativas de balanço hídrico. Por isso, trata-se de um território vulnerável, em que a irregularidade das chuvas pode chegar a condições extremas, representadas por frequentes e longos períodos de estiagem. Esses períodos críticos têm sido os maiores responsáveis pelo histórico êxodo de grande parte de sua população.

Saneamento é um conceito amplo e em constante aprimoramento, que inclui acesso à água potável; coleta e tratamento de esgotos (evitando que sejam lançados em cursos d'água e contaminem mananciais e áreas de agricultura); e drenagem urbana.

Recentemente, o saneamento passou a agregar novas abordagens para a limpeza das águas, como as chamadas infraestruturas verdes, das quais são exemplos as plantas capazes de remover poluição de rios; métodos de conservação da água, como contenção de perdas, captação de água de chuva e reuso em diferentes escalas; e até mesmo dessalinização da água do mar (que aplica métodos muito semelhantes ao reuso de águas de esgotos e drenagens).

A implantação de saneamento e investimentos para aumentar cada vez mais sua eficiência têm resultado em impactos positivos para diversos setores, como saúde, trabalho, renda e desenvolvimento urbano e econômico. Um estudo do Instituto Trata Brasil sobre os benefícios econômicos da expansão do setor de saneamento,[1] lançado em 2014, mostra que o país economizaria milhões de reais anuais com saúde e ainda poderia ter ganhos de bilhões de reais com atividades de serviços e turismo.

Ainda de acordo com o estudo, o Brasil ocupava, em 2011, a 112ª posição em um ranking mundial de saneamento que analisa a situação em duzentos países, ficando atrás de Equador, Chile, Honduras e Argentina.

Esgotamento sanitário no Brasil

O setor de saneamento, em especial a coleta e o tratamento de esgotos, continua sendo o setor da infraestrutura nacional que apresenta o pior nível de desenvolvimento. Entre 2000 e 2008, é possível verificar avanços, mas o serviço ainda apresentava a menor abrangência municipal, atingindo apenas

55,2% dos municípios brasileiros (um reles aumento de 3,2% em relação a 2000).[2]

A falta de um serviço de esgoto adequado tem impactos negativos na saúde dos brasileiros, na economia do país e no meio ambiente. Segundo dados do SNIS[3] para o ano de 2013, 93,3 milhões de habitantes urbanos (ou 56,3% da população urbana) são atendidos por redes de coleta de esgotos. Porém, parte significativa do esgoto coletado não é tratada. No Nordeste, quase 80% da população não tem acesso à coleta (algo em torno de 40 milhões de pessoas); no Norte, são mais de 90% (ou 13 milhões); no Sul, 60% (ou 17 milhões); no Sudeste, 20% (ou 16 milhões), e, no Centro-Oeste, 60% (ou 9 milhões). Os dados do SNIS mostram que quase 70% do esgoto coletado é encaminhado para tratamento, o que equivale a um índice de 40% dos esgotos gerados.

A falta de saneamento influencia até o rendimento escolar das crianças e a capacidade de trabalho da população, por conta das doenças que causa. Estudos recentes mostram que, se todos os brasileiros tivessem acesso à rede de esgoto, 1 277 pessoas não teriam morrido em razão de infecções gastrointestinais em 2009.[4]

Junto com resíduos agrotóxicos e destinação inadequada do lixo, o não tratamento do esgoto sanitário responde por 72% das incidências de poluição e contaminação das águas de mananciais, 60% dos poços rasos e 54% dos poços profundos. Cerca de 30% dos municípios lançam o esgoto não tratado em rios, lagos ou lagoas e utilizam as águas desses mesmos escoadouros para outros fins.[5]

Apesar de tudo, investe-se muito pouco em saneamento no país, o que torna sua universalização um objetivo distante. Uma parcela de 0,63% do PIB deveria ser destinada a essa área, mas efetivamente ela se limita a 0,22%. Para levar serviços de água e esgoto para toda a população até 2025, o Brasil precisaria investir 20 bilhões de reais por ano em saneamento. Se o prazo for estendido por cinco anos, ou seja, até 2030 (que é o horizonte de metas do Plano Nacional de Saneamento), os investimentos anuais deveriam contabilizar 17 bilhões de reais.

Abastecimento de água para populações urbanas

A capacidade total de produção de água tratada para abastecimento urbano no país é bastante próxima da demanda (se produz quase exatamente o que se consome). Em 2013, segundo o SNIS, 154 milhões de brasileiros (ou 93% da população urbana) eram atendidos por redes de água.

Mesmo operando no limite, o Brasil tem perdas alarmantes na distribuição: 37% da água tratada se esvai no caminho entre a estação de tratamento e as residências (em vazamentos ou desvios), quantidade suficiente para abastecer cerca de 57 milhões de pessoas,[6] ou a soma dos habitantes de Portugal e Espanha.

Os sistemas de abastecimento de água nas cidades podem ser integrados, ou seja, atender a mais de um município a partir do mesmo manancial, ou isolados (apenas um município contemplado). A maioria dos municípios brasileiros (4 770 ou 86% do total) é abastecida por sistemas isolados, que atendiam 83 milhões de habitantes em 2010. Desses, 44% utilizavam exclusivamente mananciais subterrâneos (poços convencionais ou artesianos), enquanto 56% retiravam água somente de mananciais superficiais ou poços, de forma complementar.

Os sistemas integrados abasteciam 795 cidades (14% do total) em 2010, beneficiando cerca de 78 milhões de pessoas. A capacidade total dos sistemas produtores no país é de, aproximadamente, 590 m^3/s. A região Sudeste responde por 51% da capacidade instalada de produção de água do país, seguida das regiões Nordeste (21%), Sul (15%), Norte (7%) e Centro-Oeste (6%).

O Brasil conta hoje com quase 1 400 empresas que tratam e distribuem água para a população. Dessas, 1 351 atendem a apenas um município, seis têm abrangência microrregional e 28 apresentam âmbito regional — caso das companhias estaduais de saneamento (como a Sabesp, em São Paulo), das quais 24 são de economia mista controladas por governos estaduais e atendem 4 012 municípios com água e 1 268 com esgotos.

Segundo projeções do *Atlas Brasil: Abastecimento urbano de água: Panorama nacional*,[7] a demanda para abastecimento da população urbana brasileira teria crescido 28% já em 2015. Supõe-se que o Sudeste e o Nordeste juntos respondam por 71% da demanda projetada para 2025, concentrando 62% dos municípios do país.

Como a água é administrada

No relatório *Water for People, Water for Life*, de 2003, a ONU afirma: "A crise da água é essencialmente uma crise de governança, e sociedades estão enfrentando diversos desafios sociais e políticos sobre como governar a água de forma mais eficiente". O reconhecimento de que a abrangência e a complexidade dos desafios relacionados à água se estendem para além de fronteiras nacionais e regionais e que devem perseguir a integração de diferentes políticas vem crescendo desde o início do século.

Os arranjos sobre os direitos à água são diversos e variam muito de uma região para outra. Um exemplo é o estado norte-americano da Califórnia, intensamente afetado por uma estiagem que já durava quatro anos em 2015. Lá, o direito de uso da água remonta a muitos anos atrás e é hereditário. Os primeiros a chegar e provar o uso garantiram esse direito sem nenhuma distinção ou priorização. Com isso, áreas de uso intenso para cultivo de alfafa têm prioridade no emprego de água em relação a cidades com milhares de habitantes.

No Brasil, o arcabouço jurídico e institucional em relação à água é extenso e complexo, envolvendo diferentes áreas de governo e também diferentes instâncias, pois é uma competência dividida entre os governos federal, estaduais e municipais. Todas essas áreas e instâncias não funcionam, necessariamente, de forma integrada. E a prática tem demonstrado que o normal é não haver integração. Em maior ou menor grau, a gestão da água no país tem ligação com pelo menos oito diferentes políticas de âmbito nacional e suas respectivas regulamentações estaduais e municipais — Meio Ambiente, Gestão Territorial Rural e Urbana, Recursos Hídricos, Saneamento, Vigilância Sanitária, Mudanças Climáticas, Defesa Civil e Acesso à Informação —, bem como seus atores e instrumentos correspondentes.

Isso não significa que a legislação brasileira no que se refere à questão da água sob o ponto de vista ambiental não seja boa. Ela é bastante abrangente e avançada, a começar pela Constituição Federal, que prevê o direito ao meio ambiente equilibrado como condição à qualidade de vida e como princípio da ordem econômica, e pela Política Nacional do Meio Ambiente (Lei 6938/1981), que reforça esse princípio. A Constituição Federal estabelece também a responsabi lidade compartilhada entre os três níveis de governo, inclusive a competência para legislar e a "competência material", ou seja, de prestação de serviços em relação ao tema. Entre as questões que devem ser compartilhadas entre os estados e a União estão a proteção do meio ambiente e o combate à poluição, além de moradia e saneamento básico.

No modelo de gestão ambiental brasileiro, o município possui poderes autônomos e um conjunto de competências relacionadas ao interesse local (quando este se sobrepõe aos interesses estaduais e federais). Entre as tarefas municipais estão a prestação de serviços como saneamento básico, a vigilância

Com inúmeras leis, que às vezes se sobrepõem, a gestão da água no Brasil não é uma questão simples, embora totalmente normatizada. Conheça as principais:

- Lei das Águas (Lei 9 433): De 1997, criou o atual Sistema Nacional de Recursos Hídricos e os instrumentos para sua implementação: planos nacional, estaduais e de bacias, comitês de bacias e outorga da água, entre outros. Quem deve coordenar o funcionamento desse sistema é o Ministério do Meio Ambiente, junto com a ANA e o Conselho Nacional de Recursos Hídricos (CNRH). Mas as ações propriamente ditas envolvem uma ampla rede de atores: ministérios, governos estaduais, prefeituras, comitês e agências de bacias, sociedade civil, usuários de água e consumidores em geral.

  A Lei das Águas define que o abastecimento humano e animal é prioridade em relação a usos agrícolas e industriais, e que se deve promover os usos múltiplos, tendo as bacias hidrográficas como unidades de gestão e planejamento. Apesar dos avanços da legislação, ela se mostrou ineficiente para garantir mecanismos ágeis de tomada de decisão em casos de emergência, como a estiagem que atingiu o sudeste do país em 2014. Além de não ter peso decisivo nas decisões setoriais, como energia — considerando a importância da matriz hidrelétrica para o Brasil — ou expansão de irrigação, a política não deu conta de criar um ambiente de resolução de conflitos em situação de crise.
- Plano Nacional de Recursos Hídricos (PNRH): Um dos principais instrumentos da Lei das Águas, foi aprovado em 2006 e deveria ser atualizado a cada quatro anos. A última revisão foi feita em 2011; a atualização seguinte, prevista para 2014, não ocorreu. Para efeito da gestão dos recursos

hídricos, o Brasil está dividido em doze regiões hidrográficas, formadas por inúmeras bacias hidrográficas, com delimitação física definida naturalmente pelos divisores topográficos de águas (ver mapa de regiões hidrográficas no caderno especial).

- Lei Federal do Saneamento Básico (Lei 11 445): Aprovada em 2007, foi regulamentada pelo Decreto 7 217/2010. Essa lei define saneamento básico como o "conjunto dos serviços públicos de manejo de resíduos sólidos, de limpeza urbana, de abastecimento de água, de esgotamento sanitário e de drenagem e manejo de águas pluviais, bem como a infraestrutura destinada exclusivamente a cada um desses serviços". A coordenação dessa política, assim como a elaboração do Plano Nacional de Saneamento, cabe ao Ministério das Cidades, mas os titulares dos serviços de saneamento e responsáveis pela elaboração de política em âmbito municipal são os próprios municípios. A mesma lei define a necessidade de um órgão regulador, mas não especifica qual. Na maioria dos municípios do estado de São Paulo, por exemplo, esse papel foi delegado à Agência Reguladora de Saneamento e Energia do Estado de São Paulo (Arsesp).

sanitária e o controle da ocupação do território. Há, ainda, o exercício do poder de polícia do meio ambiente, que está relacionado com uma importante área de gestão conhecida como controle ambiental (regulação, licenciamento, fiscalização e monitoramento).

Na teoria, tudo está previsto e regulado, mas, na prática, a falta de integração de políticas se torna evidente, como nas questões que envolvem a política energética e a disponibilidade de água, ou, ainda, a expansão do agronegócio e a irrigação. Nesse sentido, o exemplo das leis de recursos hídricos e de saneamento é o mais emblemático em relação à crise da água. A Política Nacional de Recursos Hídricos (Lei 9 433/1997) trata das bacias e se relaciona com os "usuários da água", que são empresas, concessionárias de saneamento, agricultores e grandes indústrias. Seus instrumentos são a outorga (autorização para retirar água dos mananciais superficiais e subterrâneos) e a cobrança pelo uso da água. Enquanto isso, a Lei Federal do Saneamento Básico (Lei 11 445/2007) diz respeito ao tratamento da água, depois de retirada das represas e usada. Para tanto, lança mão da concessão de serviços entre municípios e concessionárias de saneamento, relacionando-se com estas e com agências reguladoras e consumidores residenciais.

Um caso emblemático: crise da água em São Paulo

A população de São Paulo entrou em 2015 com um terrível fantasma a assombrá-la: a escassez hídrica no estado, que chegou a índices alarmantes, sem possibilidades de soluções no curto prazo. Índices de chuva passaram a ser o principal tema de noticiários e conversas. Mas a situação não era nova. Dezenas de municípios no interior do estado já viviam em regime de racionamento, em especial os localizados nas bacias dos rios Tietê e Piracicaba, que têm a situação agravada devido à priorização do uso das águas do sistema Cantareira para abastecer a Região Metropolitana de São Paulo.

A metrópole paulista está localizada na Bacia do Alto Tietê, que, por conta da poluição e do mau uso da água, não consegue abastecer os mais de 20 milhões de habitantes da região. Com isso, é necessário trazer água de bacias hidrográficas distantes, como a do rio Piracicaba, onde está o sistema Cantareira (que correspondia a 47% do abastecimento). O restante vem dos sistemas Guarapiranga-Billings (20%), Alto Tietê (18%) e outros menores. A região passa pela pior crise hídrica de sua história, que pode levar ao colapso do abastecimento.

A surpresa, porém, atingiu apenas a população, pois o esgotamento do sistema Cantareira era bastante conhecido. Dados da ONG IPÊ e do diagnóstico "Cantareira 2006" do Instituto Socioambiental (ISA) ajudam a explicar por que a seca causou um estrago tão grande: apenas 40% da região está coberta por florestas e quase metade das áreas de preservação permanente — fundamentais para o processo natural de renovação da água — foi substituída por pastos ou plantações de eucalipto.

No período entre 2003 e 2014, a região do sistema Cantareira sofreu oito anos com chuvas abaixo da média, sendo três deles com déficits superiores a 25%. Houve uma estia gem severa durante o verão de 2013/2014, que se prolongou até o final de 2014. Apesar dos alertas sobre estiagem terem começado em dezembro de 2013, as ações para incentivar a diminuição do consumo só surgiram em fevereiro de 2014, e a real situação da crise foi reconhecida pelo governo estadual apenas após a realização das eleições, em outubro.

Em maio de 2014, o nível das represas que formam o sistema Cantareira chegou a zero. O Governo do Estado, por meio da Sabesp e com autorização da ANA, passou a utilizar a água do "volume morto", que fica abaixo do nível de captação com o objetivo de garantir que a represa e seu entorno não sequem completamente. Além disso, começou-se a retirar mais água de mananciais com volume de produção menor que o do Cantareira — e que também começaram a apresentar queda acentuada da quantidade de água reservada. Em março de 2015, pela primeira vez desde 1973, o sistema Guarapiranga ultrapassou o Cantareira e se tornou o maior fornecedor de água de São Paulo.

O prazo estimado por diferentes especialistas para a recuperação do sistema Cantareira fica entre dois e cinco anos, e o problema pode ser extrapolado para os demais mananciais. Isso quer dizer que a crise da água em São Paulo não é conjuntural e deve continuar nos próximos anos.

1. Biomas brasileiros e principais rios

2. Regiões hidrográficas brasileiras

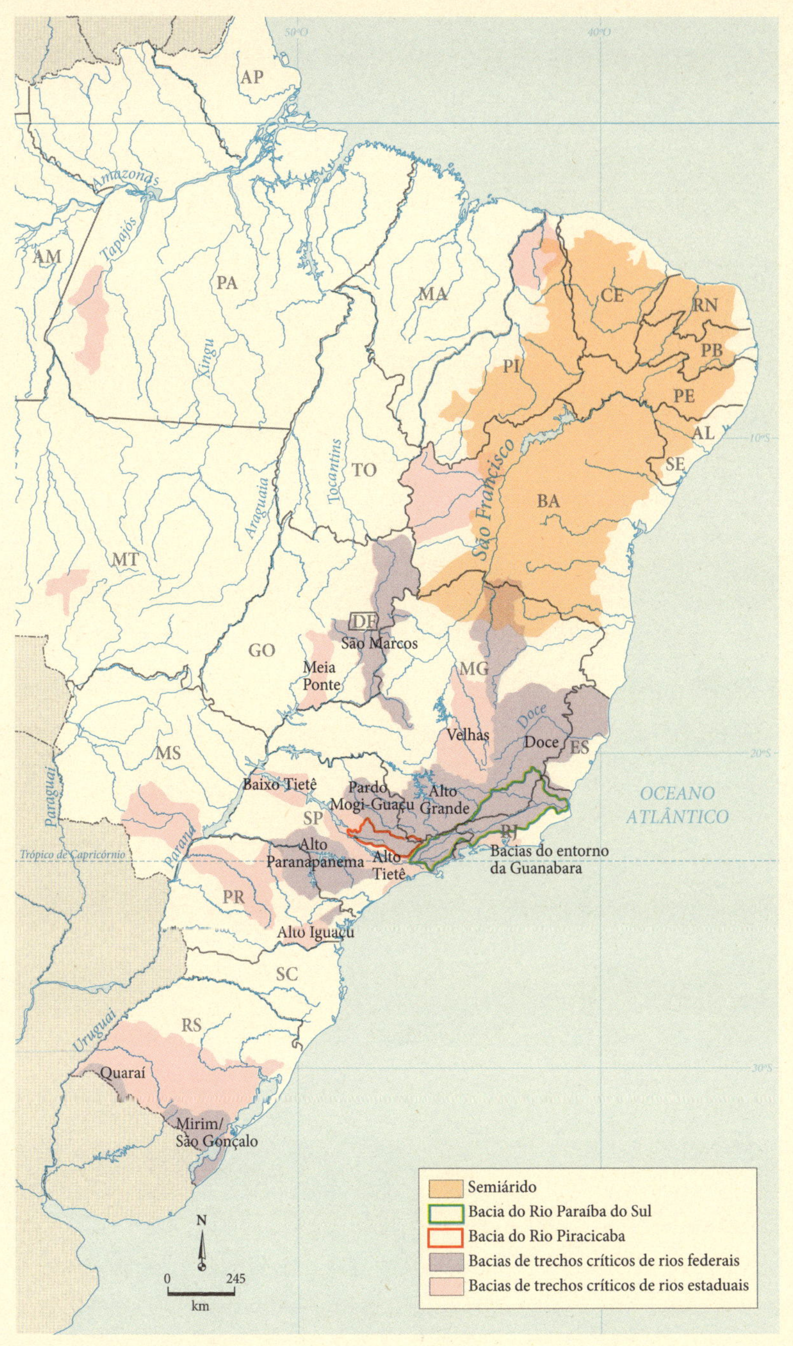

3. Regiões com situação crítica
(conflitos de uso e/ou baixa disponibilidade)

4

5

6

7

4. Obras para o desvio do rio Xingu, canteiro de obras da Usina Hidrelétrica de Belo Monte, Altamira (PA).
5. Vista aérea das Cataratas do Iguaçu, na fronteira entre Brasil e Argentina.
6. Ocupação urbana nas margens da represa Billings, em São Paulo.
7. Seca em São Paulo: a represa de Atibainha, que faz parte do sistema Cantareira. A região não estava preparada para estiagem prolongada.

8

9

10

8. A cidade de Rio Branco (AC) debaixo d'água: mudanças climáticas podem agravar eventos extremos e enchentes.
9. Abraço à Guarapiranga, em São Paulo: população em luta por seu manancial de água.
10. A cidade de Itu tornou-se símbolo dos problemas causados pela estiagem em São Paulo.

11. Rio Doce (MG) antes do rompimento da barragem da Samarco.
12. Lama do rompimento da barragem da Samarco em Mariana (MG) atinge o mar no estado do Espírito Santo.

11

12

13. Rio Negro, em São Gabriel da Cachoeira (AM): exemplo da abundância de água e biodiversidade que o país precisa valorizar e conservar.

TERCEIRA PARTE – UMA NOVA CULTURA DE CUIDADO COM A ÁGUA

Como mostramos, vivemos uma crise de governança da água. Desmatamento, consumo excessivo e desperdício, superexploração e poluição têm colocado vastas áreas do planeta e grandes contingentes de população em risco de estresse hídrico. Com as mudanças climáticas em curso e o aumento da frequência e da intensidade de eventos climáticos extremos, a tendência é de agravamento dos atuais problemas onde eles já existem e de sua extensão para outras regiões.

Já sabemos que a distribuição natural de água no Brasil é bastante desigual. A agricultura/irrigação é o setor campeão de consumo de água (72%), seguido da criação de animais (10,8%); em terceiro lugar vem o abastecimento humano (9%), e, em quarto, o industrial (6,7%). Além disso, o país tem três grandes ameaças às águas: falta de saneamento e poluição urbana; abuso de fertilizantes e agrotóxicos; e desmatamento, cujas consequências já se fazem sentir na vida cotidiana da população.

A incapacidade do Brasil em cuidar do saneamento em áreas urbanas, segundo dados da ANA, faz com que quase metade dos rios que cortam as cidades apresente qualidade ruim ou péssima. Cerca de 100 milhões de brasileiros (mais da metade da população) não têm acesso à coleta de esgotos, e 140 milhões (ou 70% da população) despejam seu esgoto sem nenhum tratamento. Aproximadamente 20 milhões de pessoas não são abastecidas com água (isso equivale à população da Grande São Paulo).

O despejo indiscriminado de pesticidas, fertilizantes e agrotóxicos faz com que os reservatórios e as represas do país apresentem altas taxas de eutrofização, inclusive aqueles distantes dos centros urbanos.

O desmatamento de cabeceiras, margens de rios e áreas de recarga de aquíferos tem impacto sobre a qualidade e a quantidade da água, provocando assoreamento e inviabilização de mananciais. Um exemplo atual é a região do sistema Cantareira, que, apesar de sua importância, resguarda somente 20% de vegetação, o que a deixou mais vulnerável à estiagem do que se fosse cercada de florestas.

As ameaças, porém, não param por aí. O desperdício também está no rol de problemas que só crescem no país. Na Grande São Paulo, a quantidade de água tratada que se esvai das redes de distribuição antes de chegar às torneiras poderia abastecer 6 milhões de pessoas. Em média, 60% da água desviada para irrigação se perde, por ser aplicada em excesso e em horários de maior evaporação.

Isso significa que o Brasil, apesar de contar com 12% da água doce do planeta, não apresenta uma situação confortável em termos de abastecimento e precisa agir rapidamente para reverter essa tendência. As diferentes instâncias governamentais do país, porém, não têm apresentado uma visão estratégica que una os vários segmentos da sociedade para enfrentar o desafio do "século da grande sede".

A situação da Região Metropolitana de São Paulo ilustra bem essa ameaça. Os primeiros sinais de preocupação com o sistema Cantareira, então responsável pelo abastecimento de 70% da população, começaram a aparecer em outubro de 2013, mas as medidas para diminuir a retirada de água do reservatório só aconteceram, de forma tímida, em março de 2014, depois do período de chuvas marcado por precipitação abaixo da média. Para aliviar o sistema Cantareira, os sistemas Alto Tietê e Guarapiranga foram usados acima de suas capacidades e também ficaram comprometidos. Nesse período, nenhuma medida efetiva para ampliar a segurança hídrica foi adotada: o uso do volume morto, que deveria ser exceção, virou regra, e, desde dezembro de 2014, praticamente toda a Região Metropolitana de São Paulo sofre com a "redução de pressão", que, na prática, se traduz em um racionamento de água não declarado oficialmente.

Um dos resultados perversos dessa falta de capacidade de lidar de maneira estratégica com o tema foi a epidemia de dengue. Os bairros paulistanos mais afetados pela falta d'água, como os da Zona Norte, foram também os que registraram os maiores índices da doença. Ao sofrer com cortes não programados, as pessoas passaram a armazenar água da forma como podiam e nem sempre com os devidos cuidados para evitar a proliferação de mosquitos. Para tentar aplacar a crise, obras de emergência não planejadas foram, literalmente, "tiradas da cartola", mas seus resultados não são imediatos nem comprovadamente efetivos. Além disso, a poluída represa Billings, historicamente ignorada como manancial de abastecimento, passou a ser apontada como a salvação. Suas águas serão transpostas para o Alto Tietê, numa medida em caráter emergencial, com custo enorme, pouca durabilidade e impactos ambientais e qualidade de água não dimensionados.

Em novembro de 2015, o rompimento de barragens de mineração no estado de Minas Gerais desencadeou o maior desastre ambiental já ocorrido no Brasil. Em poucas horas, a lama destruiu municípios e continuou se arrastando pelo leito do que um dia foi o rio Doce. Milhares de pessoas, em cidades como Governador Valadares e Colatina, tiveram o abastecimento de água interrompido. As perspectivas são sombrias, e muitos estudos se fazem necessários até que se chegue a um plano para recuperar o rio Doce.

No nordeste do país, a seca já durava quatro anos e castigava milhões de habitantes de áreas rurais e urbanas. Em outubro de 2015, mais de mil municípios estavam em situação de emergência naquela região porque não havia mais água. A Região Metropolitana do Rio de Janeiro começava a apresentar os primeiros sinais de uma crise hídrica. A área é abastecida pelo sistema Guandu, parte integrante da Bacia do Rio Paraíba do Sul. Esse sistema chegou a níveis mínimos de reservas de água, quase 5% em 2015, segundo ano em que São Paulo usou o "volume morto" do sistema Cantareira, com a falta de água atingindo diferentes regiões e mudando a rotina dos habitantes da maior metrópole do Brasil.

A Síria, de onde partem milhares de refugiados atualmente, sofreu uma seca extrema durante a década passada, e estudos mostram que ela contribuiu para o início dos conflitos em 2011.[1] Desde o começo do século XXI, diversas regiões enfrentam graves situações de estresse hídrico, seja pelo esgotamento dos recursos naturais, seja pelos eventos climáticos extremos, ou, ainda, pela combinação dos dois. À medida que o acesso à água fica ameaçado, crescem as desigualdades. Se houver menos água, como garantir que os mais pobres possam obtê-la? Como garantir que sejam adotadas as medidas para adaptar as cidades a um mundo com menos água para abastecimento ou, então, com chuvas torrenciais e enchentes?

Cenários de futuro

O desafio de cuidar da água no século XXI é gigantesco, tanto na escala global como nos níveis nacional e local, e a responsabilidade para lidar com ele deve ser compartilhada entre governos e setores econômicos (em especial os de produção de energia e alimentos), cientistas e a sociedade em geral.

Dados de diversas fontes trazem um futuro sombrio para a água, o qual fica mais assustador à medida que entendemos a delicada relação entre o ciclo hidrológico e o clima do planeta: grande parte das mudanças será relacionada à água, seja por sua falta, seja por seu excesso. Nesse contexto, a discussão de diferentes cenários de futuro para a água se faz urgente.

No nível global, ainda como consequência do relatório da ONU sobre a água publicado no início dos anos 2000, o Projeto Cenários Hídricos Mundiais formulou três quadros futuros sobre a disponibilidade de água e seus impactos no bem-estar das pessoas a partir de escolhas que devemos fazer agora:

1) Continuará tudo como está. O aumento na demanda por alimentos, em razão do crescimento populacional e de mudanças nos hábitos alimentares, combinados com a intensa urbanização, levará a uma exigência muito maior por água. A ocupação humana se expandirá para terras frágeis ou margens de rios, e haverá um aumento no desmatamento e na poluição. Com as mudanças climáticas, a disponibilidade hídrica diminuirá em diversas regiões, exacerbando as polaridades econômicas entre países ricos e pobres em água, bem como entre setores ou regiões dentro das nações. Grande parte do ônus desses impactos provavelmente recairá sobre a população desprivilegiada.

2) Processos tecnológicos serão explorados, em particular os de dessalinização da água do mar. Os desenvolvimentos tecnológicos na agricultura levarão a uma conservação hídrica considerável. Avanços na produção hídrica urbana e no manejo dos resíduos também contribuirão para uma redução nas extrações de água e na produção de resíduos. A rápida mobilização para o aproveitamento dessas tecnologias poderá ser conjugada com um aumento na conscientização popular acerca da escassez da água.

3) Um terceiro futuro possível extrapola as atuais tendências demográficas e tecnológicas e inclui um conjunto de intervenções de políticas públicas que poderia ser adotado ao longo das próximas duas décadas: um acordo internacional (de cumprimento obrigatório) para combater a mudança climática poderá entrar em vigência até 2040, juntamente com um financiamento significativo para o trabalho de conscientização e de adaptação em países de baixa renda. Como a maioria dos impactos das mudanças climáticas está relacionada com o ciclo hidrológico, as ações resultariam em melhores práticas e políticas relacionadas à água, tais como maior eficiência no seu uso e garantia de acesso a água e saneamento.

Brian Fagan, em seu livro *Elixir*,[2] descreve a maneira como várias civilizações lidaram com a água e como isso acabou por determinar o sucesso e o fracasso de muitas delas. Dos primeiros agricultores às grandes metrópoles como São Paulo, a relação com a água conduz o futuro. Cada momento da história da civilização teve o seu "desafio da água", e o nosso, humanos que habitamos agora o planeta Terra, é imenso.

Como disse Charles Fishman, em *The Big Thirst* [A grande sede],[3] "é uma ironia da nossa relação com a água: no momento em que ela se torna indisponível, no momento em que ela realmente desaparece, é que ela se torna urgentemente visível". Nessa mesma obra, o autor chama o século XX de "século dourado da água", graças à revolução verde (que propiciou um aumento exponencial na produtividade agrícola às custas de irrigação e agrotóxicos), à exploração de aquíferos profundos, à expansão da produção de alimentos em áreas desérticas, à transposição de grandes rios, à construção de enormes barragens, ao despejo de toda gama de poluentes nos rios e no solo e ao desmatamento de cabeceiras e margens de rios.

Como consequência, se essa tendência continuar, o século XXI poderá ficar conhecido como o "século da grande sede", devido a esgotamento dos recursos naturais, poluição, desperdício, limites de produção e consumo acima do que o planeta suporta, centenas de milhões de pessoas sem acesso à água potável e outros tantos bilhões vivendo sem saneamento (incluindo quase metade da população brasileira, que não tem esgoto sequer coletado). Para deixar esse cenário mais assustador, é só lembrar que água e clima estão intimamente ligados, que os eventos extremos se mostram cada vez mais intensos e frequentes e que a manifestação da grande maioria deles será relacionada à água, seja por sua abundância, seja por sua falta.

O mais importante nesse contexto é que ele não está limitado a uma ou algumas regiões específicas do mundo. A sociedade globalizada é cada vez mais interdependente, e a escassez de água em um local impactará todos os demais. Aqui cabe ressaltar o nexo água-energia-alimento: sem água não há energia, sem energia e sem água não há alimentos, sem energia não há como transportar água.

Parece óbvio, mas não é. Esses setores tradicionalmente não conversam entre si. Sistemas de água continuam sendo construídos partindo do pressuposto de que a energia é abundante e barata. E, principalmente, a expansão agrícola — não apenas para comida, mas também para a produção de energia — acontece como se o custo ou a disponibilidade de água e energia não precisassem ser considerados como limitantes.

Os eventos climáticos extremos em curso trazem um aprendizado sobre o quanto o ciclo da água moldou e continuará moldando as condições de vida no planeta. A concretização dos dois últimos cenários futuros descritos está diretamente relacionada ao engajamento ou não das sociedades atuais com um processo de "reencontro" com a água, que passará necessariamente pelo aprendizado de que a água não é algo banal, que "sempre estará lá".

Na Austrália, localizada no continente mais seco do planeta, uma estiagem de dez anos trouxe prejuízos e sacrifícios enormes para a agricultura e para os seus habitantes, e resultou em uma nova legislação e um pacto nacional para lidar com a água.[1]

O estado da Califórnia, nos Estados Unidos, estava no quinto ano de estiagem severa. Em janeiro de 2014, foi lançado o *California Water Action Plan* [Plano para gestão sustentável da água na Califórnia],[2] com um conjunto de linhas de ação — como restauração de bacias, manejo da água subterrânea — e aprimoramento da gestão, que é totalmente descentralizada, com mais de 2 mil concessões para prefeituras e agências locais. A principal mensagem, no entanto, é de que a medida mais barata, confiável e rápida é a conservação da água, o que exige, necessariamente, repensar como usá-la de forma mais eficiente na agricultura, na indústria, nas cidades e em casa.[3]

Em Israel, país com pouco mais de 20 mil km^2, no meio do deserto e cercado de questões políticas complexas em relação a seus vizinhos, a conservação da água é levada ao extremo. A água é patrimônio do governo, e existe uma empresa nacional responsável por sua captação, tratamento e distribuição.[4] A água é captada no mar da Galileia, no norte do país, em poços que podem chegar a 1,5 km de profundidade, ou, mais recentemente, obtida por meio de usinas de dessalinização. Após tratamento, a água potável é distribuída por um aqueduto que corta o país de norte a sul para cidades e algumas atividades agrícolas. Após a utilização, a água é tratada e, por meio de técnicas de reuso, novamente distribuída, em um segundo aqueduto, para fins agrícolas. A agricultura, principal consumidora de água no país, dispõe de um sistema de gotejamento que leva apenas o necessário para as plantas. Com esse sistema, o país está transformando o deserto em uma área fértil e produtiva.[5]

Esses casos trazem aprendizados para a construção de um futuro seguro e sustentável para a água. Como vimos no capítulo 1, a água tem relação íntima com o clima do planeta. O que acontecer com o clima será sentido pela água. Da mesma forma, vimos que a humanidade sempre manteve uma relação estreita com a água e que as civilizações que melhor lidaram com esse recurso foram, e continuam sendo, as mais prósperas.

No livro *Água: Futuro azul*, a canadense Maude Barlow, importante ativista do direito humano à água, procura mostrar soluções para a crise global desse recurso com base em alguns princípios: a água é um direito humano; a água é um patrimônio comum; a água tem direitos também; a água pode nos ensinar a viver juntos. Segundo ela, a construção da governança da água parte de ações como cooperação em vez de conflitos; gestão por bacias nos níveis global, nacional e regional; restauração de bacias hidrográficas com o plantio de vegetação e ordenamento dos usos; políticas tarifárias para garantir o direito humano à água e sua utilização para as atuais e futuras gerações; e tecnologias a serviço do emprego sustentável da água.

Para superar um desafio desse tamanho, é necessário criar uma nova cultura de cuidado com a água, ou seja, pactos, compromissos, mudanças de comportamento e de políticas. Esse tem sido o papel da Aliança pela Água,[6] uma coalizão da sociedade civil que tem como objetivo contribuir com a construção da segurança hídrica em São Paulo, por meio da coordenação das várias iniciativas já em curso e da potencialização da capacidade da sociedade de debater e executar novas medidas. Ela propõe um jeito diferente de lidar com a crise da água: compartilhado, corresponsável, baseado no engajamento e no diálogo entre diferentes segmentos da sociedade e do governo.

A construção dessa nova narrativa começa com alguns princípios:

1) Água não é mercadoria, mas um bem essencial à vida cujo acesso é um direito humano.

2) Todos os níveis de governo têm responsabilidade sobre a água e devem estar a serviço da população.

3) As soluções para construir um futuro seguro e sustentável para a água devem obrigatoriamente contemplar a recuperação e a recomposição das fontes existentes.

A agenda apresentada pela Aliança pela Água, embora pensada para a crise da Região Metropolitana de São Paulo, tem um caráter geral que pode ser aplicado em todas as regiões do país. Ela se desdobra em ações de curto, médio e longo prazo.

Para lidar com situações de emergência, deveriam ser instalados comitês de gestão de crise com a participação do governo e da sociedade. Para que as ações sejam efetivas, é fundamental garantir o amplo acesso à informação — quanto mais se conhece o problema, mais fácil saná-lo. Ainda no curto prazo, são indispensáveis as ações para diminuir o consumo e reservar o máximo possível de água nas represas. Para isso, deve ser implantado um rigoroso programa de redução de perdas nas redes de abastecimento de água — que podem chegar a 40% do total retirado dos mananciais em alguns locais — e haver estímulo à redução do consumo de água em diferentes escalas, com definição de metas por tipo de uso e faixas de consumo.

Essas ações podem se desdobrar na criação de leis de incentivo e em tecnologias de redução de consumo, como equipamentos hidráulicos para grandes empreendimentos e técnicas de economia de água na irrigação, entre outras medidas. Adicionalmente à implantação dessas providências, em situações de emergência é necessário ter um plano para garantir de forma segura o fornecimento mínimo de água para a saúde da população.

Em médio e longo prazo, é preciso fazer a transição para um novo modelo de gestão da água que inclua a adaptação climática, a imediata recuperação e proteção dos mananciais, a coleta e o tratamento de esgotos e a despoluição dos mananciais e rios urbanos.

O papel de cada um

A conservação da água como um modo de vida está presente em diferentes dimensões do cotidiano. É preciso usá-la de maneira racional no dia a dia — no banho, na limpeza doméstica e na lavagem do carro ou da calçada —, mas também repensar o nosso consumo em geral, já que a produção de tudo o que compramos inclui uma grande porcentagem de água. Há, no entanto, questões de gestão que, por mais que cada pessoa faça sua parte, não serão resolvidas sem governantes comprometidos com a causa. Distribuição racional da água, saneamento, proteção de mananciais, entre outras medidas, são tarefas que não dependem de indivíduos conscientes, mas do conjunto de cidadãos dispostos a colocar essas questões no centro do debate sobre democracia e eleições no país.

Uma nova cultura da água só prosperará se governança e responsabilidade socioambiental compartilhada avançarem nos três níveis de governo, nas empresas de diferentes setores, desde grandes usuários, como indústrias têxteis e de bebidas, até setores de serviços que consomem muita água nas áreas urbanas. A ciência tem também um papel fundamental em ajudar a construir a gestão integrada, a prever os riscos e apontar os melhores caminhos e a propor soluções para novos e velhos — e cada vez maiores — desafios.

A todos nós cabem, em primeiro lugar, nos informar e discutir o assunto, cobrar ações dos nossos governantes e assumir com eles o desafio de garantir um futuro seguro e sustentável para a água, porque sem ela não existe futuro.

NOTAS

INTRODUÇÃO

1 United Nations (UN), *Water for People, Water for Life: The World Water Development Report 1*. Paris: Unesco; Nova York: Berghahn Books, 2003. Disponível em: <http://unesdoc.unesco.org/images/0012/001297/129726e.pdf>. Acesso em: 24/05/2016.

1. SUPORTE FUNDAMENTAL DA VIDA

1 Instituto Socioambiental, "Ecossistema na escala cósmica" e "A vida no universo". In:______. *Almanaque Brasil Socioambiental*. São Paulo, 2008. pp. 26-27, 30-31.
2 Ibid.
3 Ibid.
4 *Interstellar*, dirigido por Christopher Nolan e estrelado por Matthew McConaughey, Anne Hathaway, Jessica Chastain, Bill Irwin, Mackenzie Foy, Matt Damon, John Lithgow e Michael Caine, 2014.
5 *The Man Who Fell To Earth*, dirigido por Nicolas Roeg, com David Bowie e Rip Torn, 1976.
6 *Stell Dawn*, dirigido por Lance Hool, 1987.
7 *Waterworld*, dirigido por Kevin Reynolds e protagonizado por Kevin Costner, 1995.
8 Christopher Lloyd, *O que aconteceu na Terra? A história do planeta, da vida & das civilizações, do Big Bang até hoje*. Rio de Janeiro: Intrínseca, 2008.
9 Ibid., p. 21.
10 Aldo C. Rebouças; Benedito Braga; José G. Tundisi (org.), *Águas doces no Brasil: Capital ecológico, uso e conservação*. 2. ed. São Paulo: Escrituras, 2002.

2. ÁGUA E CIVILIZAÇÃO

1 Steven Solomon, *Water: The Epic Struggle For Wealth, Power, and Civilization*. Harper Perennial, 2011.
2 Ibid.
3 Unesco, 2009.
4 Jeffrey Sachs, "Não há como fugir da sustentabilidade". *Valor Econômico*, 10 mar. 2015. Disponível em: <http://www.valor.com.br/opiniao/3945460/nao-ha-como-fugir-da-sustentabilidade>. Acesso em: 24/05/2016.
5 Unesco, 2009.

3. ÁGUA DOCE: ABUNDÂNCIA É RELATIVA

1 Considerando as medidas oficiais, definidas pela Federação Internacional de Natação: 50 m X 25 m X 2 m, totalizando 2,5 milhões de litros de água. As piscinas têm oito raias cada uma, com 1,5 metro de largura, totalizando 312,5 mil litros por raia.

2 Aldo C. Rebouças; Benedito Braga; José G. Tundisi (org.), *Águas doces no Brasil: Capital ecológico, uso e conservação*. 2. ed. São Paulo: Escrituras, 2002.
3 Ibid.
4 Unesco, 2009.
5 Wagner Costa Ribeiro, *Geografia política da água*. São Paulo: Annablume, 2008.
6 Unesco, 2012.

4. COMO E PARA QUE SE USA A ÁGUA?
1 Unesco, 2009.
2 Unesco, 2012.
3 Unesco, 2009.
4 Sistema Nacional de Informações sobre Saneamento (SNIS), *Diagnóstico dos serviços de água e esgotos — 2013*. Brasília, 2014.
5 Peter H. Gleick et al, *The World's Water Volume 8*. Washington, DC: Island Press, 2014. Disponível em: <http://worldwater.org>. Acesso em: 24/05/2016.

5. A CRISE DA ÁGUA: QUANTIDADE, QUALIDADE, GOVERNANÇA
1 O Programa Mundial de Avaliação dos Recursos Hídricos das Nações Unidas (WWAP, na sigla em inglês) funciona sob os auspícios da Unesco e reúne o trabalho de 28 membros e parceiros da ONU Água na elaboração do *Relatório mundial sobre o desenvolvimento dos recursos hídricos* (*World Water Development Report*, WWDR), que teve início em 2003 e passou a ser produzido a cada três anos até 2012, quando foi lançado o WWDR4, que introduziu a abordagem temática do manejo hídrico em condições de incerteza e risco, em um contexto mundial que está se modificando rapidamente e de maneiras frequentemente imprevistas. A partir de 2014, o WWDR passou a ser publicado anualmente.
2 WWDR, 2015, citando Undesa, 2012.
3 Unesco, WWDR, 2015.
4 Heather Cooley; Newsha Ajami et. al., *Global Water Governance in the Twenty-First Century*. Oakland, CA: Pacific Institute, 2013.
5 Ibid.
6 Ibid.
7 *Direito à água e ao saneamento — Marcos, O*. Disponível em: <http://www.un.org/waterforlifedecade/pdf/human_right_to_water_and_sanitation_milestones_por.pdf>. Acesso em: 24/05/2016.
8 Peter H. Gleick; Matthew Heberger, "Water and Conflict: Events, Trends, and Analysis (2011-2012)". In: GLEICK, Peter H. et al. *The World's Water Volume 8*. Washington, DC: Island Press, 2014.
9 *The Big Country*, dirigido por William Wyler, 1958.
10 *Milagro Beanfield War*, dirigido por Robert Redford, 1988.

6. ELEMENTO DA CULTURA E DO IMAGINÁRIO BRASILEIROS

1 Antonio Carlos Diegues, *A água e o imaginário: Simbologias e mitologias*. Depoimento para o Museu de Ciências da USP (MC-USP) em 18 out. 2005. Disponível em: <http://biton.uspnet.usp.br/mc/?portfolio=a-agua-e-o-imaginario-simbologias-e-mitologias>. Acesso em: 24/05/2016.

2 Agência Nacional de Águas (ANA), *A história do uso da água no Brasil: Do descobrimento ao século XX*. Brasília, 2007. Disponível em: <http://historiadaagua.ana.gov.br/livro_historia_agua.pdf>. Acesso em: 24/05/2016.

3 Ibid, p. 56.

7. COMO A ÁGUA SE DISTRIBUI NO BRASIL

1 Agência Nacional de Águas (ANA), *Atlas Brasil: Abastecimento urbano de água: Panorama nacional*. Brasília, 2010. v. 1.

2 Ibid.

3 Antonio Donato Nobre, *O futuro climático da Amazônia: Relatório de avaliação científica*. São José dos Campos, SP: ARA: CCST-INPE: INPA, 2014.

4 Ibid.

5 As zonas de convergência são sistemas meteorológicos com forte influência sobre o tempo e o clima e se caracterizam por ser uma interação entre eventos meteorológicos das latitudes médias e tropicais. A Zona de Convergência do Atlântico Sul é uma faixa de nebulosidade persistente que se estende do Atlântico Sul Central ao sul da Amazônia e está associada a uma zona de convergência na baixa troposfera, orientada no sentido noroeste-sudeste e ficando bem caracterizada no verão. É responsável por períodos de enchentes na região Sudeste e veranicos (períodos de estiagem, acompanhada por calor intenso em plena estação fria) na região Sul do Brasil. Fonte: <http://www.infoescola.com/meteorologia/zona-de-convergencia/>. Acesso em: 24/05/2016.

8. OS USOS DA ÁGUA NO PAÍS

1 Sistema Nacional de Informações sobre Saneamento do Ministério das Cidades.

2 Agência Nacional de Águas (ANA), *Atlas Brasil: Abastecimento urbano de água: Panorama nacional*. Brasília, 2010. v. 1.

3 Para o cálculo de água efetivamente consumida, a ANA adota o seguinte critério: a vazão retirada equivale à água retirada, e a água não devolvida é denominada vazão de consumo, que é calculada pela diferença entre a vazão retirada e a vazão de retorno. Cada uso tem uma vazão de retorno. Os coeficientes de retorno usados são os adotados pela ONS: abastecimento urbano -0,8; abastecimento rural -0,5; abastecimento industrial -0,8; irrigação -0,2; criação de animais -0,2.

4 *Watermark*, 2013.

5 Movimento Xingu Vivo para Sempre, "Defendendo os rios da Amazônia". Disponível em: <https://www.youtube.com/watch?v=4k0X1bHj f3E>. Acesso em: 24/05/2016.

9. SITUAÇÃO CONFORTÁVEL?

1 Agência Nacional de Águas (ANA), *Conjuntura nacional de recursos hídricos no Brasil — Informe 2014*. Brasília, 2015. p. 4. Disponível em: <http://conjuntura.ana.gov.br/docs/crisehidrica.pdf>. Acesso em: 24/05/2016.

10. SANEAMENTO: ÁGUA POTÁVEL, ESGOTO E MUITO MAIS

1 Instituto Trata Brasil e CEBDS, *Benefícios econômicos da expansão do saneamento brasileiro*. 2014.

2 Atlas do Saneamento, IBGE 2011, dados de 2008.

3 Sistema Nacional de Informações sobre Saneamento do Ministério das Cidades: importante e consistente base de dados sobre o setor de saneamento, em especial água e esgoto sanitário. Possui uma série histórica de quase duas décadas coletada por meio de questionários. "A adimplência com o fornecimento dos dados ao SNIS é condição para acessar recursos de investimentos do Ministério das Cidades, conforme normativos dos Manuais dos Programas. Para conceder o atestado de adimplência, o SNIS analisa cada tipo de serviço. Portanto, a adimplência ocorre para água e para esgotos separadamente" (SNIS, 2013). Anualmente, a Secretaria Nacional de Saneamento Ambiental do Ministério das Cidades divulga o *Diagnóstico dos serviços de água e esgotos* com base nos dados coletados de prestadores de serviços do país. Em 2013, foi divulgada a décima nona edição do *Diagnóstico*.

4 Instituto Trata Brasil.

5 Atlas do Saneamento, IBGE 2011, dados de 2008.

6 Considerando 154 milhões de pessoas atendidas e uma média de consumo de 166,3 litros por habitante/dia.

7 SNIS, 2013.

11. O QUE ESPERAR DO FUTURO

1 Henry Fountain, "Researchers Link Syrian Conflict to a Drought Made Worse by Climate Change". *The New York Times*, 2 mar. 2015. Disponível em: <http://www.nytimes.com/2015/03/03/science/earth/study-links-syria-conflict-to-drought-caused-by-climate-change.html?_r=0>. Acesso em: 24/05/2016.

2 Brian Fagan, *Elixir: A History of Water and Humankind*. Nova York: Bloomsbury Press, 2011.

3 Charles Fishman, *The Big Thirst: The Secret Life and Turbulent Future of Water*. Nova York: Free Press, 2011.

12. A NOVA CULTURA DA ÁGUA NA PRÁTICA

1 Fonte: <http://www.australia.gov.au/about-australia/australian-story/natural-disasters>. Acesso em: 24/05/2016.

2 Fonte: <http://resources.ca.gov/california_water_action_plan/>. Acesso em: 24/05/2016.

3 Dicas de conservação da água disponíveis em: <http://environment.nationalgeographic.com/environment/freshwater/water-conservation-tips/>. Acesso em: 24/05/2016.

4 Merkorot: empresa do governo de Israel vinculada ao Ministério das Finanças. Foi definida pela Lei da Água como a empresa nacional e é responsável perante a Autoridade da Água.

5 Relato a partir de viagem de Marussia Whately a Israel em outubro de 2015.

6 Essa iniciativa teve início em setembro de 2014, quando o Instituto Socioambiental (ISA) iniciou o projeto Água@SP (http://aguasp.com.br), com o objetivo de mapear atores e propostas que possam contribuir para lidar com a crise da água. O mapeamento foi realizado em parceria com a organização Cidade Democrática e contou com o apoio de trinta outras organizações. A pesquisa teve a adesão de mais de 280 especialistas de sessenta municípios que propuseram 196 ações de curto prazo e 191 de longo prazo, além de apontarem mais de trezentas iniciativas inspiradoras para a gestão da água em São Paulo. Hoje reúne quase cinquenta organizações e movimentos da área ambiental, de direitos humanos, de direitos do consumidor e educação.

BIBLIOGRAFIA

AGÊNCIA NACIONAL DE ÁGUAS (ANA); FRANCA, Dalvino Troccoli. *A história do uso da água no Brasil: Do descobrimento ao século XX*. Brasília, 2007. Disponível em: <http://historiadaagua.ana.gov.br/livro_historia_agua.pdf>. Acesso em: 24/05/2016.

AGÊNCIA NACIONAL DE ÁGUAS (ANA). *Atlas Brasil: Abastecimento urbano de água: Panorama nacional*. Brasília, 2010. v. 1.

_____. "Encarte especial sobre a crise hídrica". In: _____. *Conjuntura nacional de recursos hídricos no Brasil — Informe 2014*. Brasília, 2015. p. 4. Disponível em: < http://conjuntura.ana.gov.br/docs/crisehidrica.pdf>. Acesso em: 24/05/2016.

ASSOCIAÇÃO BRASILEIRA DE ÁGUAS SUBTERRÂNEAS (ABAS). Disponível em: <http://www.abas.org/index.php>. Acesso em: 24/05/2016.

BARLOW, Maude. *Água: Futuro azul*. São Paulo: M. Books, 2014.

COOLEY, Heather; AJAMI, Newsha; HA, Mai-Lan; SRINIVASAN, Veena; MORRISON, Jason; DONNELLY, Kristina; CHRISTIAN-SMITH, Juliet. *Global Water Governance in the Twenty-First Century*. Oakland, CA: Pacific Institute, 2013.

DIEGUES, Antonio Carlos. *A água e o imaginário: Simbologias e mitologias*. Depoimento para o Museu de Ciências da USP (MC-USP) em 18 out. 2005. Disponível em: <http://biton.uspnet.usp.br/mc/?portfolio=a-agua-e-o-imaginario-simbologias-e-mitologias>. Acesso em: 24/05/2016.

DIREITO à água e ao saneamento — Marcos, O. Disponível em: <http://www.un.org/waterforlifedecade/pdf/human_right_to_water_and_sanitation_milestones_por.pdf>. Acesso em: 24/05/2016.

EXPEDIÇÃO RIOS VOADORES. Disponível em: <http://riosvoadores.com.br/>. Acesso em: 24/05/2016.

FAGAN, Brian. *Elixir: A History of Water and Humankind*. Nova York: Bloomsbury Press, 2011.

_____. *O aquecimento global: A influência do clima no apogeu e declínio das civilizações*. São Paulo: Larousse, 2009.

FISHMAN, Charles. *The Big Thirst: The Secret Life and Turbulent Future of Water.* Nova York: Free Press, 2011.

FOUNTAIN, Henry. "Researchers Link Syrian Conflict to a Drought Made Worse by Climate Change". *The New York Times*, 2 mar. 2015. Disponível em:

<http://www.nytimes.com/2015/03/03/science/earth/study-links-syria-conflict-to-drought-caused-by-climate-change.html?_r=0>. Acesso em: 24/05/2016.

GLEICK, Peter H. "Water in the Movies". In: GLEICK, Peter H. et al. *The World's Water Volume 7*. 2. ed. Washington, DC: Island Press, 2011.

GLEICK, Peter H. et al. *The World's Water Volume 8*. Washington, DC: Island Press, 2014. Disponível em: <http://worldwater.org/>. Acesso em: 24/05/2016.

GLEICK, Peter H.; HEBERGER, Matthew. "Water and Conflict: Events, Trends, and Analysis (2011-2012)". In: GLEICK, Peter H. et al. *The World's Water Volume 8*. Washington, DC: Island Press, 2014.

INSTITUTO SOCIOAMBIENTAL. *Cantareira 2006: Um olhar sobre o maior manancial de água da Região Metropolitana de São Paulo*. São Paulo, 2007. Disponível em: <http://www.socioambiental.org/banco_imagens/pdfs/10289.pdf>. Acesso em: 24/05/2016.

_____. "A vida no Universo". In: _____. *Almanaque Brasil Socioambiental*. São Paulo, 2008.

_____. "Ecossistema na escala cósmica". In: _____. *Almanaque Brasil Socioambiental*. São Paulo, 2008.

INSTITUTO TRATA BRASIL. Disponível em: <http://www.tratabrasil.org.br>. Acesso em: 24/05/2016.

INSTITUTO TRATA BRASIL E IBRE. *Benefícios econômicos da expansão do saneamento brasileiro*. 2014.

LIMA, Angelo José Rodrigues; ABRUCIO, Fernando Luiz, BEZERRA E SILVA, Francisco. *Governança dos recursos hídricos: Proposta de indicadores para acompanhar sua implementação*. São Paulo: WWF-Brasil: FGV, 2014.

LLOYD, Christopher. *O que aconteceu na Terra? A história do planeta, da vida & das civilizações, do Big Bang até hoje*. Rio de Janeiro: Intrínseca, 2008.

MOVIMENTO XINGU VIVO PARA SEMPRE. "Defendendo os rios da Amazônia". Disponível em: <https://www.youtube.com/watch?v=4k0X1bHjf3E>. Acesso em: 24/05/2016.

NOBRE, Antonio Donato. *O futuro climático da Amazônia: Relatório de avaliação científica*. São José dos Campos, SP: ARA: CCST-INPE: INPA, 2014.

REBOUÇAS, Aldo da C.; BRAGA, Benedito; TUNDISI, José G. (org.). *Águas doces no Brasil: Capital ecológico, uso e conservação*. 2. ed. São Paulo: Escrituras, 2002, p. 703.

RIBEIRO, Wagner Costa. *Geografia política da água*. São Paulo: Annablume, 2008.

SACHS, Jeffrey. "Não há como fugir da sustentabilidade". *Valor Econômico*, 10 mar. 2015. Disponível em: <http://www.valor.com.br/opiniao/3945460/nao-ha-como-fugir-da-sustentabilidade>. Acesso em: 24/05/2016.

SISTEMA NACIONAL DE INFORMAÇÕES SOBRE SANEAMENTO (SNIS). *Diagnóstico dos serviços de água e esgotos — 2013*. Brasília, 2014.

SOLOMON, Steven. *Water: The Epic Struggle For Wealth, Power, and Civilization*. Harper Perennial, 2011.

TOYNBEE, Arnold. *Um estudo da história*. São Paulo: Martins Fontes, 1987.

UNITED NATIONS (UN). *Water for People, Water for Life: The World Water Development Report 1*. Paris: Unesco. Nova York: Berghahn Books, 2003. Disponível em: <http://unesdoc.unesco.org/images/0012/001297/129726e.pdf>. Acesso em: 24/05/2016.

______. *Visão geral das mensagens centrais: Relatório mundial das Nações Unidas sobre o desenvolvimento de recursos hídricos (WWDR4): O manejo dos recursos hídricos em condições de incerteza e risco*. Trad. de Dermeval de Sena Aires Júnior. Unesco, 2012.

Marussia Whately nasceu em São Paulo. É arquiteta e urbanista, com especialização em gestão de recursos hídricos, e uma das mais importantes referências sobre assuntos relacionados à água e ao saneamento. Coordenou o Programa Mananciais de São Paulo do Instituto Socioambiental e é uma das idealizadoras da Aliança pela Água.

A jornalista Maura Campanili atua há mais de 25 anos na área socioambiental, como repórter para veículos como a Agência Estado e a revista *Terra da Gente*, pela qual foi finalista quatro vezes do Prêmio de Reportagem sobre a Biodiversidade da Mata Atlântica. Trabalhou também em ONGs, como a SOS Mata Atlântica, o Instituto Socioambiental e a Rede de ONGs da Mata Atlântica. Desde 2004, está à frente do Nuca-Núcleo de Conteúdos Ambientais, por meio do qual foi editora de publicações como *Almanaque Brasil Socioambiental*, edições 2005 e 2008, e *Parque Indígena do Xingu — 50 anos*, bem como da Série SOS Mata Atlântica. É autora de vários livros, como *25 anos de mobilização, Jorge Tuzino e o palmito no Vale do Ribeira, Caiman — Uma história de conservação no Pantanal* e *Explorar para preservar — Ecolog: uma experiência de manejo na Amazônia*. Atua ainda nas áreas de coordenação de comunicação e redes sociais para organizações socioambientais e consultoria de comunicação e meio ambiente.

ÍNDICE REMISSIVO

CRÉDITOS DAS IMAGENS

Todos os esforços foram realizados para identificar os fotografados. Como isso não foi possível, teremos prazer em creditá-los, caso se manifestem.

Imagens 1-3: Sonia Vaz
Imagem 4: André Villas-Bôas/ISA
Imagem 5: José Caldas
Imagem 6: Tuca Vieira/Folhapress
Imagem 7: Luis Moura/WPP/Folhapress
Imagem 8: DR/ Divulgação/Governo do Estado do Acre
Imagem 9: Fabio Braga/Folhapress
Imagem 10: Raquel Cunha/Folhapress
Imagem 11: José Caldas
Imagem 12: Gabriela Biló © Estadão Conteúdo
Imagem 13: Beto Ricardo/ISA

ESTA OBRA FOI COMPOSTA
EM CHARTER PELA PÁGINA VIVA
E IMPRESSA EM OFSETE PELA
GRÁFICA BARTIRA EM PAPEL
PÓLEN NATURAL DA SUZANO S.A.
PARA A EDITORA SCHWARCZ
EM SETEMBRO DE 2022

A marca FSC® é a garantia de que a madeira utilizada na fabricação do papel deste livro provém de florestas que foram gerenciadas de maneira ambientalmente correta, socialmente justa e economicamente viável, além de outras fontes de origem controlada.